国有林场 GEF 项目中国实践系列丛书

国家林业和草原局国有林场和种苗管理司　组织编写

新型森林经营方案的 中国实践

中国林业出版社
China Forestry Publishing House

丛 书 简 介

国有林场 GEF 项目在森林景观恢复、森林生态系统服务、山水林田湖草沙生命共同体三大核心理念的指导下，通过大胆探索和实地实施，形成了众多项目成果。本丛书精选了其中最具创新性、引领性、时代性特征的三个成果编写成书——《新型森林经营方案的中国实践》《山水林田湖草沙生态保护修复的中国实践》《森林景观恢复理念的中国实践》，展示将森林景观恢复理念本土化、主流化的实践经验，以期为我国森林生态系统服务功能的提升、山水林田湖草沙综合修复和一体化治理提供参考和借鉴。

图书在版编目（CIP）数据

新型森林经营方案的中国实践 / 国家林业和草原局国有林场和种苗管理司组织编写 . —北京：中国林业出版社，2023.11

（国有林场 GEF 项目中国实践系列丛书）

ISBN 978-7-5219-2330-8

Ⅰ. ①新⋯　Ⅱ. ①国⋯　Ⅲ. ①森林经营－经营方案－研究－中国　Ⅳ. ①S75

中国国家版本馆 CIP 数据核字（2023）第 165289 号

责任编辑：于晓文　于界芬
封面设计：**大漢方圓**

出版发行：中国林业出版社
　　　　　（100009，北京市西城区刘海胡同 7 号，电话 010-83143549）
电子邮箱：cfphzbs@163.com
网址：www.forestry.gov.cn/lycb.html
印刷：河北京平诚乾印刷有限公司
版次：2023 年 11 月第 1 版
印次：2023 年 11 月第 1 次
开本：710 mm×1000 mm　1/16
印张：10.25
字数：180 千字
定价：146.00 元（全 3 册）

前　言

　　国有林场是我国生态修复和建设的重要力量，是维护国家生态安全最重要的基础设施。历史上，中国国有林场因功能定位不清、管理体制不顺、经营机制不活、支持政策不健全等原因，可持续发展面临严峻挑战。2015年，中共中央、国务院正式印发了《国有林场改革方案》，全面启动国有林场改革，深入实施以生态建设为主的林业发展战略，建立国有林场新体制。国有林场改革后，森林经营主要目标和要求等发生重大变化，科学有效开展森林经营，快速提高森林质量，提升森林生态系统服务功能，成为国有林场当前和今后相当长一段时期的重要任务。

　　森林景观恢复是指从景观尺度恢复退化土地的森林功能和生态系统完整性，提高其生产力和经济价值的过程，森林景观恢复提供了一种通过基于景观生态系统经营的原则和方法。森林景观恢复的理念、方法和技术对指导新时期国有林场森林经营具有重要意义。

　　2019年，在全球环境基金（GEF）资助下，国家林业和草原局组织实施"通过森林景观规划和国有林场改革增强中国人工林生态系统服务功能项目"（简称"国有林场 GEF 项目"）。项目目标为推广和创新森林景观恢复，以保护生物多样性、提高生态系统服务功能、治理土地退化及提高应对气候变化能力。项目将编制和实施基于森林景观恢复理念的新型经营方案作为重要任务之一，旨在借鉴森林景观恢复等国际先进理念，通过编制和实施新型森林经营方案，促进国有林场的可持续经营能力，实现林场经营目标和功能定位相统一、管护责任和管理体制相匹配、经营措施与最终成效相协调，探索形成有效提高国有林场治理能力、精准提升中国人工林生态系统服务功能的机制体制，为全球森林恢复行动注入中国力量、贡献中国方案，并在国际平台上展现中国林业可持续发展的新面貌。

国有林场 GEF 项目先期选定贵州省桂花国有林场、贵州省拱拢坪国有林场、河北省草原林场、河北省黄土梁子林场、河北省木兰林场、江西省安子崇林场和江西省金盆山林场 7 个国有林场为试点单位，以经营单位（林场）为主体、利益相关方参与（管理部门、社会公益组织）、多领域专家支持配合的方式编制新型森林经营方案。2019 年 7 月项目启动后，先后组建了国家级和省级专家组，国家级专家组主要负责方案编制人员的培训、试点林场的确定以及技术指导等工作，省级专家组主要配合各试点林场进行新型森林经营方案编制技术方案制定、补充调查、文本起草等工作。2019 年 12 月，国家级专家组在对试点林场全面现地调研的基础上起草了《国有林场新型森林经营方案编制大纲》，对有关编案人员进行了系统培训，并协助试点单位确定了关键生态系统服务和经营目标，省级专家组与试点林场共同成立编案小组，开始编制新型森林经营方案。2020 年年底，7 个试点国有林场完成新型森林经营方案编制，编案成果通过国有林场 GEF 项目执行办公室组织的内部评审和各省级林草部门组织的外部评审，国家级专家组在对试点情况系统总结的基础上编制了《国有林场新型森林经营方案编制指南》。2021 年，一方面针对全国国有林场开展了新型森林经营方案编制技术培训；另一方面试点范围进一步扩展，组织贵州省扎佐林场、贵州省独山县林场、贵州省白马山林场、河北省涉县林场、河北省黑龙山林场、河北省辛庄林场、江西省银坞林场、江西省奉新县林场、江西省井冈山林场 9 个国有林场编制新型森林经营方案，并对前期 7 个试点林场新型森林经营方案实施情况开展成效监测和评估工作。

国有林场新型森林经营方案是根据国民经济和社会发展要求以及国家有关方针政策，以新定位、新理念、新目标和新体系为指导，编制的国有林场森林资源培育、保护和利用的中长期规划，以及对森林资源培育保护、利用措施和时空安排的规划设计。新型森林经营方案的编制以景观生态学、生态修复学和森林可持续经营等理论为指导，以恢复生态系统完整性和提升森林生态服务功能为主要目标，采用优化决策新手段，制定森林景观恢复和优化方案，明确森林景观恢复途径、森林景观经营方向、措施和技术要求，为新时代国有林场森林可持续经营提供依据。新型森林经营方案具有应用森林景观恢复新理念、突出森林生态服务功能新目标、扩展生态修复新内涵、采用空间优化决策新方法等基本特征。

本书一方面对森林经营方案的内涵、中国森林经营方案的发展历程进行了系统梳理；另一方面结合国有林场 GEF 项目新型森林经营方案编制和实施情况，对新型森林经营方案编制理论、技术和方法进行分析和阐述，以期为新时代国有林场经营方案编制和实施提供参考。

本书得到了全球环境基金和世界自然保护联盟的支持，在此致谢。

本书编委会

2022 年 7 月

目　录

第一章

森林经营方案发展历程

森林经营方案*是科学经营森林、提高森林质量、可持续获得森林产品及服务的一个重要管理工具。新修订的《中华人民共和国森林法》已明确将森林培育和经营管护措施列入森林经营方案。系统梳理国内外森林经营方案编制与实施评估的理论、模式、方法、技术，有助于构建以森林经营方案制度为核心的森林经营管理体系，促进森林可持续经营，推动森林经营体系和经营能力现代化。

一、基 本 内 涵

（一）相关概念

森林经理或称为森林经营管理，是从经营管理森林的角度出发，对森林资源进行区划、调查、分析、评价、决策、规划设计和信息管理过程的总称。森林经理工作就是组织森林经营，合理安排林业生产，使之最大限度地发挥森林的生态、经济与社会效益，实现森林的持续经营、永续发展。

森林经营是指森林经营者利用现代森林经理手段，确定经营目标，组织落实森林培育、森林利用、生态修复等各项技术措施，实现森林的经济效益、生态效益和社会效益最大化，最终达到森林经营利用的良性循环。

森林经营方案是森林经营主体从中长期经营森林角度编制的培育、保护和利用森林的阶段性经营措施的时空安排。森林经营方案编制是森林经理的重要内容，是森林经营的重要手段。

德国、美国、日本等许多学者、国际组织在不同时期赋予了森林经营方案众多的定义（铃木太七，1983；FAO，1998）。欧美国家认为森林经营方案就是森林经营规划的一种形态，森林经营规划通常包括三个层次的规划：战略规划（即长期经营规划、长远规划）、战术规划（中期经营规划、森林经营方案）和实施计划（年度实施计划），战术规划一般针对森林经营单位水平。我国

---

* 森林经营方案在德国、日本、俄罗斯等国家称为森林施业案；在美国、加拿大、澳大利亚等国家称为森林经营规划。

于 20 世纪 50 年代以来多次修订的森林经营方案规程都给出了大同小异的定义（寇文正，1985；林业部，1986；中国大百科全书，1990；于正中，1993；唐小平，2012），这些定义有几个共同点：①是由森林所有者或使用者、经营者自主编制和实施的，这是经营主体享有森林经营自主权的基本特征；②实质上是一个确定经营管理目标并确保目标得以实现的决策过程，这是由林业生产的特点决定的；③是一个安排森林经营活动的规划设计方案，以确保森林生态系统功能的可持续性；④确定的目标、任务和安排既要体现经营主体的自主权利，还应严格遵循国家、地方相关法律法规、技术规程和管理制度，这是森林功能的外部性决定的。综合来看，森林经营方案就是森林经营主体为了科学、合理、有序地经营森林，充分发挥森林的生态、经济和社会效益，根据森林资源状况和经济、社会、自然条件，运用多学科技术方法编制的培育、保护和利用森林的中长期规划，以及对生产顺序和经营利用措施的规划设计。

为什么要制定森林经营方案？这源于森林经理。森林经理或称为森林经营管理（forest management），此词源于德文（forsteinrichtung），日本译为森林经理，中文引自日本汉学（周昌祥，1986）。森林经理的主要任务是从森林经营管理的角度出发，对森林资源进行区划、调查、分析、评价、决策、规划设计和信息管理，最后形成经营方案以指导森林经营和林业生产。由于森林生长收获周期长，一次森林经理过程无法达到经营目的，需要每隔一定的年限（如 10 年）重复一次，即森林经理期。因此，森林经理工作是一个长期多环节往复的过程，编制和实施森林经营方案是森林经理的主线。正如所有规划设计文件一样，森林经营方案具有四个基本要素：

（1）编案单位，即编制森林经营方案的单位或主体。从森林经理学科理解，一个适宜规模的森林经理区域应是可以按照法正林模式、能严格实现永续经营、每年能得到均衡的木材收获或均衡利润的森林经营区域。按照现代森林可持续经营思想，经营区域可以外延到森林生态、经济、社会影响辐射的区域。

（2）森林经理期，即规划期，是森林经营方案编制和实施的周期。森林经理期的长短取决于两个因素：一是森林轮伐期，短周期原料林一般森林经理期也短，公益林、天然林特别是自然保护林、景观林等经理期都较长，澳大利亚、英国等国家公园、森林保护区、森林游憩区的森林经理期往往在 20 年以上。二是森林经营水平，每个经理期就是对森林经营方案进行一次复查修订的过程，如果经营集约化程度低，是难以在短期内完成的。

（3）编案广度，即森林经营方案的基本内容。森林经营方案是由"森林经营"和"方案"两个词组成的，核心是森林经营。随着人们对森林经营的逐步认识深化，其编案内容也在不断变化，从最初的木材生产到目前的森林产品与服务等多个方面。可从两个方面理解：一是确定森林经营目标及实现目标的路径；二是明确开展的森林经营活动及活动地点、时间、任务量和完成者。

（4）编案深度，即森林经营方案的精细程度。森林经营方案是编制年度计划、作业设计的依据，但森林经营方案不应取代年度计划、作业设计；同理，森林经营方案也是政府制定规划的基本模块，但不能因此就取代经营规划，也不能取代投资项目需要落实到地块的项目设计。按森林经营组织方式划分：①区域经营法，可以按区域设计一套可行的作业模式或经营措施，如森林游憩区、自然保护区、景观维护区、水源涵养区等。②类型经营法，可以分类型设计一套统一的林学技术体系，即森林经营类型或森林经营模型。③小班经营法，即是以每个林分或小班为单位制定系列经营利用措施。

（二）森林经营方案的地位与作用

1. 森林经营方案是森林经营单位中长期森林经营的行动指南

森林经营方案是森林经营单位在某一规划时期对区域林业中长期发展计划具体落实的纲领性文件，方案按照法定程序在充分调查分析和论证的基础上由具有法定资质的林业规划设计单位编制，并充分征求森林经营单位、有关专家、林农代表以及政府相关部门意见进行修订和完善，由上级业务主管部门组织专家，经科学论证和严格审核后才予以批复实施。森林经营方案又细划为经营单位林业目标任务、项目组成、生产组织、作业工序、生产安全、施工保障、进度安排、质量标准、监督管理、检查验收和方案调整等内容。因此，森林经营方案既能反映政府对经营单位森林资源加以宏观调控，实现森林资源保护、培育、发展和利用的总体目标，满足区域社会、经济、生态对林业及林产品和森林多种功能的需求；又是森林经营单位生产组织管理的规范性、计划性文件，保障其目标任务落实、生产有序、收益获得、生活安定。

2. 森林经营方案是森林经营单位各类实施计划的基础

尽管森林经营方案明确了各小班的具体经营措施和时间等内容，但却不能详细到具体方案，特别是在一个经理期内由于自然、经济、人为等因素的变化，作业内容、时间和要求等都有可能会适时调整；同时，由于方案编制时的森林资源情况可能发生变化。因此，必须根据现有小班资源调查情况、基础设施、生产作业条件以及科技、资金保障、林业管理政策等，编制相应作业设计，方能对森林或林地实施科学经营。

3. 森林经营方案是森林经营单位年度工作计划制定的依据

虽然森林经营方案对年度经营作业内容及时序进行安排，但在方案5年执行期内，由于病虫害泛滥、冰冻雪灾、森林火灾等突发性灾害影响或森林经营单位生产经营条件的变化，方案也需及时调整。首先对受灾森林进行应急处置，以降低灾害损失程度。因此，在尽可能遵守森林经营方案的前提下，应优先安排减灾防灾工作，制定年度工作计划，保护森林资源安全和经营单位合理利益。

4. 森林经营方案是实施森林资源监督管理的重要依据

森林经营及其资源管理、监督、检查和部门年终考核，有利于经营单位及时总结生产和技术经验，科学培育、合理利用、有效保护森林资源，实现森林资源持续发展。尽管森林经营单位年度计划落实情况也能提供相应部分信息，但年度森林经营活动难以对森林资源质量及其动态变化、区域生态保护、职工生活改善等资源、生态、经济和社会方面影响予以短期科学评价，必须根据森林经营方案中所概述的资源状况、经营目标、各年度方案实施情况，综合分析比较，确定总体与分期目标落实情况，评估长、中、短期经营成效，才能及时调整方案、优化经营模式、修订作业设计、完善未来年度计划、强化管理制度，不断提高森林经营管理和技术管理水平，从而保障森林经营单位及区域森林可持续经营，维护森林健康及生态安全，满足社会、经济对林业需求。

（三）森林经营方案的属性

1. 权威性

森林经营方案既是综合性技术文件也是权威性法律文书，其内容涵盖森林经营、森林经理和森林培育、资源管理等林业科学理论与技术、生产实践，将综合技术贯穿于整个文件之中，成为本经理期内的规范技术指南。同时，《中华人民共和国森林法》第五十三条、第七十二条规定"国有林业企业事业单位应当编制森林经营方案，明确森林培育和管护的经营措施，报县级以上人民政府林业主管部门批准后实施。重点林区的森林经营方案由国务院林业主管部门批准后实施""国有林业企业事业单位未履行保护培育森林资源义务、未编制森林经营方案或者未按照批准的森林经营方案开展森林经营活动的，由县级以上人民政府林业主管部门责令限期改正，对直接负责的主管人员和其他直接责任人员依法给予处分"。森林经营方案编制（修订）、批复、实施均严格按照相关技术规程和管理制度进行，符合法定程序和政策要求。森林经营方案由具有较高资质的规划设计单位承担编制，方案编制过程中充分考虑国家和地区林业发展形势，结合经营单位生产实际和过往经营评价，依据资源调查成果，科学制定经营目标、策略、技术措施等，在充分征求发改、国土、农业、水利、环保等部门及社会各界专家和社区相关利益者意见的基础上，经主管部门认真审核、论证、修改，由上级管理部门批复才可予以实施，具有重要的法律地位。

2. 规范性

森林经营方案针对性很强，尽管各森林经营单位方案结构和内容基本相同或相似，但每个森林经营单位的经营方案均根据其自身特点，在经营对象、目标和技术等方面各有侧重。森林经营方案编制应充分考虑经营单位森林资源现状与特点、经营技术和管理条件，根据区域林业发展需求和经营单位主要经营任务与发展方向，因地制宜制定经营目标，应用现代森林经理和资源管理先进技术成果，综合、凝练、集成组装配套，分经营类型制定经营技术体系、组织作业秩序、制定实施计划，强化监督与管理，实现森林资源提质增量、生态稳定、社会安定、经济发展。

3. 适应性

在我国每个经理期应编制一次森林经营方案，其经理期一般为 5~10 年，商品林为主或经营水平较高的国有林场宜采用较短经理期。尽管森林经营方案不得随意变动或有选择性地执行以彰显其规范性或权威性，但中期可进行调整或因特殊原因提前修订或编制，如 2008 年南方特大冰冻灾害后，导致贵州、湖南、湖北、安徽、江苏、陕西、甘肃等 21 个省份森林不同程度受灾，尤其大面积速生乔木林、竹林和经济林受灾严重，国家林业局及时部署进行冰冻灾害调查评估，根据灾情对受灾森林进行经营调整，最大限度降低灾害损失。特别是近年来，随着信息技术的发展以及在森林经营和监测中的推广应用，森林经营活动亦逐步由静态管理向动态管理转变，基于森林资源动态变化监测结果，及时进行森林经营成效评估和经营策略、经营模式或技术措施的调整，从而实施适应性管理。

4. 统筹协调性

森林经营方案尽管以其经营单位进行编制与实施，但要与区域社会经济发展规划、林业中长期发展规划等宏观规划相协调。在宏观上，要统筹兼顾区域生态、社会、经济发展以及经营区和周边地区人民群众生产、生活、就业、福利以及生存条件改善、基础设施等建设与发展；在微观上，要协调好经营单位森林资源培育、保护、利用的平衡，科学调整林种布局与结构，特别是用材林、薪炭林的龄组结构及防护林、特种用途林的树种组成。因此，经营目标既要有森林资源培育与发展目标，也要有社会、经济发展目标；经营措施既要针对森林资源主导利用方向，又要兼顾森林多功能利用，包括非木质资源开发利用、生态资源保护与培育、林下经济发展等；在生产组织方面，全面平衡好产前、产中和产后资源保有量，针对市场需求，通过供求关系，控制产、加、储、销等规模，以保障经营成效最大化。

5. 有序性

森林经营方案涉及森林培育、保护、利用等各项林业生产活动，尽管规划内容丰富，但通过区划与布局，确定各经营作业区的生产项目、规模、年度计划和作业条件、方式、方法以及生产组织、工序安排、质量标准等，实现经营项目井然有序、经营各环节有条不紊，经营措施科学合理、经营成效显著。如森林采伐，应根据森林资源调查、分类和区划，针对商品林主伐和培育以及生态公益林的抚育、更新或改造，确定采伐类型、方式，测算合理年伐量，划定采伐小班、进行伐区配置、制定采伐顺序、设计采伐工艺，涉及木材的采、集、运、贮、造材、加工与利用及其相应的基础设施建设等各项工序的作业流程，确保木材生产的有序性与生产作业的安全性。

6. 宏观调控性与微观可操作性

森林经营方案是森林经营单位实现林业（扩大）再生产和森林资源可持续利用的技术文件，既具有长远经营目标，又有明确的经营期经营目标，确保森林可持续经营。在宏观上，应符合区域林业发展和生态建设总体规划目标，与区域社会经济发展相协调一致，既要实现经营单位多目标利用需求，又满足维护区域森林生态系统生产力、保护生物多样性、保持森林健康与活力、增加碳汇和加强森林长期的社会效益等要求。在微观上，根据经营单位森林资源现状，在维持森林资源数量增长或稳定、质量提高、效益改善的前提下，因地制宜、发挥优势、注重效益，组织森林经营活动，积极探索森林多功能利用途径，盘活森林资源存量，最大限度地发掘森林资源的经济增长潜力，实现经营单位增产、增收、增效，辖区林农和周边群众务林致富。

二、全球森林经营方案演进

（一）永续利用阶段

森林经营方案的历史进程是与森林经理理论、技术发展水平同步的。1669 年，法国颁布的柯尔柏法令规定的矮林及中林按轮伐期作业法是森林经营方案的雏形。1713 年，德国森林永续利用理论的创始人汉里希·冯·卡洛维茨（Carlowitz）首先提出了森林永续利用原则和人工造林思想（于正中，1998），通过编制施业案对用材进行有序采伐利用和造林更新培育，实现了最高木材产量的持续性和稳定性，森林施业案及概念逐渐形成。1795 年，德国林学家 G. L. 哈尔蒂希（G. L. Hartig）提出了森林永续经营思想。1826 年，德国森林经济学家 J. C. 洪德斯哈根（J Christian Hurdeshagen）在总结前人经验基础上，出版了林业经典专著《森林调查》，创立了"法正林（Normal forest）"学说，这标志着森林永续经营理论的形成。1841年，海耶尔（Hayer）对这个学说作了进一步的补充。19 世纪末 20 世纪初，瓦格涅尔再次作了补充，提出了法正林的条件和实现永续生产的模式标准。

1907 年，美国设立林务局开始对联邦所有的国有林进行统一管理，同时从德国引入森林调整为核心的森林施业案编制模式。1913 年，Recknagel 出版了《施业案的理论与实践（森林组织）》，介绍了施业案编制基础，如法正林、森林调查、各种森林调整方法、施业案内容与格式等，重点介绍德国、法国、奥地利等欧洲国家施业案编制与实施的实践经验，以及美国施业案编制的基本框架，这是有关森林施业案最系统的理论与实践总结（邓华峰，2012）。Roth（1914）和 Woolsey（1922）编写的专著都重视森林施业案的编制，将其作为森林调整的最终表现形式。1961 年，日本铃木太七论证并提出了针对幼中龄林占优势、龄级分配状态不法正的民有林如何实现稳定永续利用的"广义法正林"理论，证明法正林是无数个林龄转移矩阵，从任何林龄状态都可以收敛到一个稳定的法正状态，从理论上对古老的法正林思想进行了根本性变革（于正中，1981）。K. P. Davis（1966）和 J. Chutter（1983）等提出了用完全调整林概念来代替古典的法正林理论，即各个直径级或龄级的林木保持适当的比例，每年或定期的采伐量在数量和质量上都大体一致在林龄结构上保持不变的森林。可以说，根据法正林标准模式制定和实施的森林施业案，已成为欧美林业先进国家经营管理森林特别是人工同龄林极为重要的管理工具。

纵观 100 多年来以 J. C. 洪德斯哈根等为代表的林学家创立了以森林永续收获为核心的法正林模式设想，以木材生产的永续、均衡收获为中心的理论体系和施业案模式，对近代世界林业的发展产生了深刻的影响和作用。传统森林经营理论其理论框架的特点可概括为：①以森林的单一木材生产为中心，目的是要通过对森林资源的管理，向社会均衡提供木材；②以法正林思想为核心。不论是完全调整林，还是广义法正林，不论是同龄林还是异龄林都充分体现出以木材生产为中心这一本质特征；③以收获调整和森林资源蓄积量的管理为技术保障体系的核心；④以林场或林业局为范围的部门生产组织管理形式，并以林班和小班为基本单元组织森林经营单位。

（二）多目标经营阶段

伴随着以法正林为理论基础的森林施业案普遍实施，因一味追求经济利益导致了大量同龄针叶纯林的出现，造成地力严重衰退和森林退化，以混交、异龄、多功能的近自然经营逐渐受到了重视。1713 年，卡洛维茨在提出永续利用原则的同时还提出了"顺应自然"的思想。1898 年 K. Gayer 教授在其经典林业著作《森林培育学》中提出了带有自然主义色彩的"恒续林（Dauerwald）"思想。1922 年，Moeller 再次兴起多功能林业的思潮，德国下萨克森州的 Erdmann 林业局从 19 世纪开始编制的森林施业案一直保持了营造混交林的实验。1975 年，德国《联邦森林法》修订后，开始实施多功能林业战略，即放弃通过人为手段和计划大规模控制和干预自然的轮伐期林业经营体系，而转向以生态系统为对象的近自然经营道路，多功能森林经营理论和目标指导下的森林施业案编制实施从 20 世纪 90 年代后成为德国林业发展政策的重要组成部分（陆元昌，2010），森林施业案中设计的不同森林类型经营周期更长、树种更加多元化、森林层次结构开始关注林下更新层培育、森林功能延伸到社会、生态各方面。

20 世纪 60 年代，美国出台了国有林《综合利用永续作业法案》（*Multiple Use Sustainable Yield Act*）。Meyeer 等（1961）出版的新森林经理学，指出美国林业进入了一个新纪元，森林用途是多方面的而不是单一的。20 世纪 70 年代，D. M. Abams 和 J. Buogiorno 将优化理论引入异龄林经营，在修正前人矩阵模型的基础上，建立了异龄林经营的线性规划模型。20 世纪 80 年代，G. H. Robert 利用静态优化理论对异龄林的最优结构及择伐量进行了研究。美国加尼福尼亚大学 L. S. 戴维斯博士和俄勒冈大学 K. N. 约翰逊博士合著的《森林经理学》（1987 年版）认为现代森林经理学的方向不是仅局限于商品材生产上，而是帮助人们实现对森林所寄予的各种目标（邓华峰，2012）。Franklin（1989）提出了新林业思想（New Forestry），认为森林的生产、保护和游憩功能不能自然地出现，森林经营需要转变为多目标经营的"新林业"。美国林务局从 20 世纪 90 年代开始在联邦森林中推行基于《综合利用永续作业法案》的新森林经营规划编制规程，从生物多样性保护、水源保护、地力维护、社区协调等各方面提出经营目标，关注森林经营对环境、社会的多层次影响，在技术上开发了辅助森林经营规划编制的森林经营决策系统，对每个所属林业局重新编制森林经营方案。同时，对管理机构进行改革，把森林培育、水文和野生动植物等管理部门综合在一起，使得森林经营方案更易执行和操作。

（三）可持续经营阶段

1992 年，联合国环境与发展大会明确了森林可持续经营主题。国际社会认识到：森林是实现可持续发展的基础，关系人类的命运和地球的前途。在经济社会飞速发展的今天，人们越来越清楚地认识到生态环境对人类生存和可持续发展的重要性。当今世界普遍关注的十大环境问题：温室效应、臭氧威胁、生物多样性危机、水土流失、荒漠化、土地退化、水资源短缺、大气污染和酸沉降、噪声污染及热带雨林危机等，无不与森林资源日益减少有着直接或间接的联系。20 世纪 90 年代初是森林经营思想的重要转折时期，这一时期的这种转变是基于全球社会经济发展与人类需求变化基础上的对传统森林经营的再认识而完成的，其重要的变化基础是以欧洲尤其是德国为基础的"近自然林业"思想和美国基于"生态系统管理"的诞生和推广应用。美国林务局在"新林业"基础上提出了生态系统经营的新模式。生态系统经营是一种用开放、复杂的大系统来经营森林的概念，通过森林生态系统管理，维持整个生态系统的健康和活力，将生态系统整体的稳定性和经济社会系统的稳定性结合起来，向社会提供可持续的产品和服务，是在景观水平上维持森林全部价值和功能的战略（惠刚盈，2008）。

国际上对森林可持续经营问题进行了广泛讨论，并提出大区域尺度的一系列标准与指标体系框架，主要有泛欧赫尔辛基进程（PEFP C&I）、蒙特利尔进程（Montreal PCI）、国际热带木材组织进程（ITTO PCI）、非洲干旱地区进程（DZA C&I）、塔拉波托进程（Tarapoto PCI，或称为亚马孙森林可持续经营标准）、近东进程（NE Process）、中美洲进程（Lepaterique PCI）、非洲木材组织进程（ATO Process）、亚洲干旱地区进程（RIDF in Asia）等 9 个主要区域性标准，以及国际林联森林可持续经营标准（CIFOR PCI）、加拿大 UBC 大学 SFM C&I、美国 SFI 等。目前，全球已有 150 多个国家和许多国际组织正在加紧研制适合本国、本地区情况的森林可持续经营标准与指标，并把它作为评价森林状况、编制森林经营方案、开展森林可持续经营认证的重要手段。

这一时期森林经营方案研究出现几个趋势：①从编案对象上，可持续经营方案强调打破林业局和林场这一界限，不能把自然地理上连接的、经济上紧密相关的地域分割开来，森林可持续经营的目标只能在自然、经济、社会复合系统中加以实现。②在经营目标上，以森林的全部价值为经营取向，它是从森林生态系统在生命支持系统中的整体作用出发，将森林生态系统的物质产品生产和环境服务放在统一的高度来认识，目的在于通过对森林生态系统的管理，向社会提供可持续的福利，而不仅仅是某种物质产品的利用。相对于传统森林经理，森林可持续经营管理更侧重于保护、培育，在利用方面，不再侧重于单一的木材生产，而是多功能多效益的产出。③从实施措施上，首先注重的是森林的状态（如年龄结构、物种组成、林木活力、动植物残留体等），而后才是储量和定期产量，强调林产品、林副产品等物质生产的持续性，保持森林生态系统的稳定性、生物多样性，提高森林生长量，保证其持续的利用量。

经过近 300 年的轮回，无论是法正林模式还是异龄林模式都从木材永续利用提升到了森林可持续经营。但这不是简单的轮回，而是从维护森林生态系统和维持人类生命支持系统的高度，将森林物质产品生产和环境服务耦合统一。由此看出，森林经理理论和森林经营方案都是在不断发展变化之中，这种变化是相辅相成的。森林经营理论关注焦点从早期的人工林、同龄林经营发展到了天然林、异龄林。20 世纪后期更多关注森林的多功能和多目标经营，21 世纪以来更为强调森林可持续经营，森林生态系统应可持续地为人类提供福祉，由此也带来了森林经营方案的漫长而深刻的变革。

三、中国森林经营方案发展历程

我国自 20 世纪 20 年代从日本引进森林经营的理论和技术方法以来，一直紧跟世界形势，引进和吸收相关理论和技术。新中国成立以来从苏联引用森林经理及其教科书，系统地应用森林经营理论开展森林经营工作，但未形成具有中国特色的森林经营理论。直至 20 世纪 80 年代后期，我国紧跟国际"森林多目标经营"理论思想，基于"林业分工论"等提出具有中国特色的分类经营理论，将森林划分为商品林和生态公益林。20 世纪 90 年代后期我国全面启动分类经营工作。21 世纪初，我国林学界对于森林可持续经营理论和技术的研究与国际同行基本同步，并且基于我国发展战略的研究，提出了林业"三生态"战略，从以木材生产为主向以生态建设为主转变，国内相关学者先后引用近自然林业理论、多功能经营理论等理论和技术，探索森林生态系统经营途径，在全国范围内开展实践和理论验证。

中国森林经营方案的发展与森林经营理论发展基本同步，20 世纪 20 年代引入森林施业案，新中国成立后分别提出了森林施业案、森林经理施业案、森林经营利用方案、森林经营实施方案、森林规划方案、森林经营方案、森林永续利用经营方案、森林多资源经营利用方案等多个相似名词，1979 年，《中华人民共和国森林法（试行）》颁发后，统一明确为森林经营方案。总体来看，森林经营方案在我国的发展大致经历了以下阶段：

（一）森林施业案（20 世纪 20 年代至 20 世纪 50 年代末）

早在 1911—1913 年，俄罗斯帝国为经营铁路枕木和燃料所需在东北中东铁路沿线的牡丹江附近所谓租借林区约 9 万公顷森林内，按俄罗斯帝国营林制度进行了区划并编制了森林施业案。我国学者近代森林经理的历史可以追溯到 1923 年，沈鹏飞等在中山大学白云山模范教学林场进行森林经理调查并编制森林施业案，这是中国最早的森林施业案之一（颜文希，1986）。同期，金陵大学在紫金山、庐山等地也参照日本模式进行森林经理调查并编制了森林施业案。1931 年，东北三省沦陷后，伪满洲国把东北全境划分为 16 个经营地区 125 个事业区，统一制定林野经营大纲，对事业区编制林野经营案，对事业区中的国有林、公有林、私有林分别编制施业案（李克志，1985）。

新中国成立后，国家因对东北、内蒙古、西南、西北等林区开发需要，集中力量对重点林区进行资源调查，编订各森林区采伐计划和施业方案。1951 年，中央林垦部在黑龙江带岭林业实验局进行了全国第一次森林经理试点并完成了长白山北麓原始林区 228 万公顷森林经理调查，1954 年在北京审议通过了长白山林区 48 个施业区的森林施业案，这是新中国第一批森林施业案（易淮清等，1991）。1955 年，苏联专家指导编写了森林经理规程试行方案并正式颁发，提出了森林经理施业案说明书编写提纲并明确了审查办法，据此完成了小兴安岭、白龙江等重点国有林区森林经理调查，还在大兴安岭林区采用航测照片和目测调查法进行森林调查，编制了森林经理施业案。1956 年，林业部印发了《合作林森林经理规程》，福建、江西、安徽、浙江等省份选择合作社进行了集体森林经理调查试点。1958 年，林业部颁发了《国有林森林经理规程》，组织对南岭山脉的湖南省莽山林区、广东省乳阳林区以及云南省金平林区、海南岛尖峰岭林区等进行了亚热带常绿阔叶林和热带雨林森林经理调查；在江西省庐山开展了庐山公园林特级森林经理调查，编制了庐山林管区森林施业案。据 1961 年统计，全国累计完成森林经理调查 1.06 亿公顷，编制了 1624 份森林施业案，相当于国有林总面积的 70%~80% 编制了比较完整的森林施业案（周昌祥，1980）。

（二）森林经营利用方案（20 世纪 50 年代末至 20 世纪 70 年代末）

在林业部推行森林施业案的同时，森林工业部也于 1956 年从苏联引入总体设计办法在大兴安岭得耳布尔林业局第一次编制了总体设计，形成了营林生产单位编制森林施业案和森林采伐部门编制总体设计的双轨制。1959 年，逐渐把森林经理施业案和总体设计合并，形成森林经营利用方案。1960 年颁发了《国有林调查设计规程（草案）》，规定在外业森林区划、森林测量、森林专业调查、森林开发运输勘测等基础上，编制林业局（场）经营利用设计。1961—1963 年，林业部在广西资源县、北京百花山等地组织了次生林区和集体地区森林经营利用方案编制。1966 年，林业部在吉林汪清进行了森林资源复查和经营规划试点，编制了《汪清林业局经营规划方案》（综合队，1973）。随后，东北林区一批林业局编制林业经营规划，促进调查、规划、设计有机衔接。1962 年，林业部颁发《林业局（场）总体设计规程》，重新将总体设计分立。可以看出，这一时期作为森林经营规划的森林经理和作为森工基建安排的总体设计反复靠拢，但林业局（场）的森林经理主要是开展森林调查，很少编制经营方案，组织森林经营的内容逐渐被包括在总体设计文件中（周昌祥，1980），见表1-1。

表1-1　森林施业案与总体设计之比较

项目	森林施业案	总体设计
作用	是森林经营本身的需要，为永续利用森林而合理地安排林业生产	是林区开发建设的需要，为合理开发林区而进行整体的、初步的规划设计
规划期	每个经理期编制一次	新建或扩建林业局的一次性设计文件
编制重点	研究森林经营的目的、方针、原则和措施，林业生产建设的总体布局和近期安排	研究林区开发利用、森工生产、基本建设、林区道理、各种公用工程和附属工程、建设项目实施安排等

（三）森林经营方案（20世纪70年代末至20世纪90年代中期）

1979年，颁发的《中华人民共和国森林法（试行）》明确了国营林业局、国营林场要根据林业长远发展规划编制森林经营方案，恢复了因"文化大革命"中断的森林经理工作。1981年，林业部规划局（院）组织南方14个省份在湖南省江永县高泽源林场进行森林经理试点（南方点），据此制定了新的森林经理规程，明确了森林经营方案是指导林业企业生产经营活动的根本性文件（寇文正，1985）。1984年，林业部印发了《森林经营方案编制办法》，要求国营林业企业事业单位和自然保护区应根据林业长远发展规划编制森林经营方案，作为编制森林采伐、更新造林、森林经营和林道建设五年计划和年度计划的依据。1986年，林业部颁发了《国营林业局、国营林场编制森林经营方案原则技术规定（试行）》，将湖南省金洞林场、湖北省桂花林场、浙江省开化林场和广东省乐昌林场作为全国森林资源调查并编制森林经营方案的示范林场。对大、小兴安岭国有林区的森工局开展森林经理复查并编制森林经营方案。1987年，林业部制定了《集体林区森林经营方案编制原则意见》，大多数省份根据本地实际情况制定了森林经营方案编制办法、实施细则及管理办法等。截至1994年年底，全国已有85%以上的国营林业局、国营林场和 50% 以上的重点林业县完成了森林经营方案的编制。这一时期森林经营方案称为"广义森林经营方案"，可以按编案对象的特点分为新（待）开发（利用）型、正开发（利用）型、已开发多年资源不足型、森林资源基本枯竭型、营林型、集体林区型等 6 种类型（常昆，1985）。

（四）森林可持续经营方案（20 世纪 90 年代末以来）

1992 年，联合国环境与发展大会提出森林可持续经营理念，我国学者相继引入了森林多功能经营、森林分类经营、森林近自然经营、森林生态系统经营等新理念，对森林经营方案编制指导原则、技术方法等产生了极为重要的影响。林业部调查规划设计院（现国家林业和草原局林草调查规划院）引进美国森林多资源经营方案编制工具包（FORPLAN），选择辽宁清原县、辽宁省湾甸子实验林场等作为试验点，对原系统吸收、汉化和再开发形成了"系统规划法"和本地化的森林动态监测与经营决策优化技术系统。该系统综合考虑木材生产、水源涵养、水土保持、野生动物栖息地、社区就业机会等因素进行多目标决策分析，在辽宁省建平县、本溪市和北京市房山区、江西省庐山等地进一步推广实验，形成了森林可持续经营决策的技术体系。1996 年，林业部组织修订颁布了《国有林森林经营方案编制技术原则规定》。但因国家相继启动一系列生态建设重大工程，森林经营方案规程基本没有得到实施。2002 年，国家林业局调查规划设计院从加拿大引进新一代森林资源优化及经营决策系统（FORUM），利用最优化模拟和生态设计模型提供的一套反馈机制和设计目标，把森林生态系统从目前状态导向目标状态，实现了将林木资源和非林木资源经营目标从空间尺度和时间尺度的定量化，区分各因素的优先顺序，在吉林省汪清林业局、辽宁省湾甸子实验林场进行实验示范，在吉林省白河林业局、辽宁省清原县、福建省永安市和甘肃省小陇山林业实验局全面推广实施，应用系统工具编制了森林可持续经营方案。

2006 年，基于试点示范，国家出台了《森林经营方案编制与实施纲要（试行）》，并于 2009 年选择了 104 个森林经营示范林场进行编制和实施森林经营方案。2013 年，在示范林场森林经营方案编制和实施的基础上对纲要进行完善，出台《森林经营方案编制与实施规范》。

2016 年，东北内蒙古重点国有林区开始新一轮森林经营方案编制和实施工作，为规范森林经营方案编制工作，国家林业局根据重点林区改革的要求，在《森林经营方案编制与实施规范》的基础上组织编制了《东北内蒙古重点国有林区森林经营方案编制指南》《东北内蒙古重点国有林区森林经营方案编制提纲》，重点林区 112 个森林经营单位据此编制了森林经营方案。

（五）国有林场新型森林经营方案（2019 年以来）

2019 年 12 月 28 日，修订通过的《中华人民共和国森林法》进一步强化了森林经营方案的法律地位，明确规定"国有林业企业事业单位应当编制森林经营方案""国有林业企业事业单位未履行保护培育森林资源义务、未编制森林经营方案或者未按照批准的森林经营方案开展森林经营活动的，由县级以上人民政府林业主管部门责令限期改正，对直接负责的主管人员和其他直接责任人员依法给予处分"，为新时代国有林场森林经营方案编制和实施奠定了坚实基础。

2015 年，中共中央、国务院印发《国有林场改革方案》，启动国有林场改革，改革后国有林场发展模式由木材生产为主转变为生态修复和建设为主、由利用森林获取经济利益为主转变为保护森林提供生态服务为主。为加快推进国有林场森林可持续经营，提升国有林场生态功能，2018 年全球环境基金（GEF）资助"通过森林景观规划和国有林场改革增强中国人工林生态系统服务功能"项目启动，项目是 IUCN、联合国粮食及农业组织（FAO）、联合国环境规划署（UNEP）联合执行的"全球景观恢复倡议"（The Restoration Initiative，TRI）的 11 个全球子项目之一，旨在为全球森林恢复行动注入中国力量、贡献中国方案，并在国际平台上展现中国林业可持续发展的新面貌。项目选定贵州省桂花国有林场、贵州省拱拢坪国有林场、河北省草原林场、河北省黄土梁子林场、河北省木兰林场、江西省安子崇林场和江西省金盆山林场 7 个试点国有林场为主体，利用国有林场改革的历史机遇，借鉴森林景观恢复等国际先进理念，编制新型森林经营方案，探索形成一套有效提高国有林场治理能力、精准提升中国人工林生态系统服务功能的机制体制。2019 年，项目组织专家在对试点国有林场进行全面调研的基础上，基于景观生态学、生态修复学和森林可持续经营等理论编制了《国有林场新型森林经营方案编制大纲》，并针对试点国有林场开展了国有林场新型森林经营方案编制技术培训，2020 年各试点国有林场以《国有林场新型森林经营方案编制大纲》为指导完成了新型森林经营方案编制，并结合各试点林场新型森林经营方案编制制定了《国有林场新型森林经营方案编制指南》。2021 年，项目扩大试点范围，按《国有林场新型森林经营方案编制指南》要求在江西、贵州、河北等另外 9 个国有林场编制和实施新型森林经营方案。

四、中国森林经营方案研究进展

（一）森林经营方案制度

我国从 2000 年以来一直在探讨促进森林可持续经营在地化问题，目前已基本形成了全国森林可持续经营管理的总体框架，森林经营方案是这个管理框架的基础和重要一环，如图 1-1。经营主体编制并组织实施森林经营方案，将国家、区域森林经营目标、任务、政策等战略性、指导性、可执行规划内容分解落实到每个经营主体的山头地块。森林经营方案具体可以起到三个作用：一是

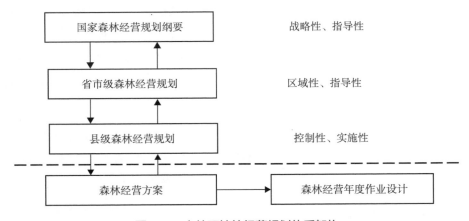

图 1-1　森林可持续经营规划体系架构

作为经营主体经营管理森林的行动指南；二是作为主管部门监管森林经营活动的基本依据；三是作为利益相关方保障各自权益的社会契约（唐小平，2017）。

　　我国 1979 年颁发的《中华人民共和国森林法（试行）》及历次修订都赋予了森林经营方案法定地位，明确要求县级以上人民政府林业部门负责组织森林经营方案编制与实施工作，这就需要一套完善的森林经营方案制度给予保障。2006 年，国家林业局出台了《森林经营方案编制与实施纲要（试行）》，把编制和实施森林可持续经营方案作为指导森林经营单位科学经营、合理利用森林资源，最大限度地发挥森林资源综合效益的重要举措。2009 年以来，中央财政不断加大对森林抚育工作的支持力度，森林经营受到了政府、经营主体前所未有的重视。《全国"十三五"采伐限额编制技术方案》提出"坚持以森林经营方案为基础"的原则，加强了森林采伐限额制度与森林经营方案制度的衔接。2018年，国家林业和草原局颁发《关于推进森林经营方案编制工作的通知》，明确森林经营方案是依法经营森林、严格执行森林采伐限额、精准提升森林质量的重要举措，依据森林经营方案确定的采伐量核定该单位"十四五"采伐限额。森林经营方案制度无论从法制、技术，还是政策上已形成了基本框架。

　　所谓森林经营方案制度，是指为了科学经营森林、提高森林可持续经营水平而共同遵循的一套编制、审查、批准、实施、监测、评估、修订、调整、再实施森林经营方案的办事规程或行为准则。通过编制和实施森林经营方案，从森林的现实状态经过若干个森林经理期的调整，最终导向比较理想的森林可持续经营状态，形成一个动态的森林经营方案制度框架，即适应性管理的"自行车"原理图（唐小平，2012），如图 1-2。

　　适应性管理就是针对管理对象不确定性展开一系列设计、规划、监测、管理资源等行动，目的在于实现系统健康及资源管理的可持续性。森林是复杂的生态系统，物种组成、结构、动能及其所处自然社会环境等具有太多的不确定性，应按适应性管理模式构建森林经营方案制度框架，主要由四个基本环节组成：①编案。众多学者从编案理论、技术和不同政策背景角度进行了专门研究，国家层面先后出台了《森林经营方案编制与实施纲要》《简明森林经营方案编制技术规程》和《东北内蒙古重点国有林区森林经营方案编制指南》等，确保编制的森林经营

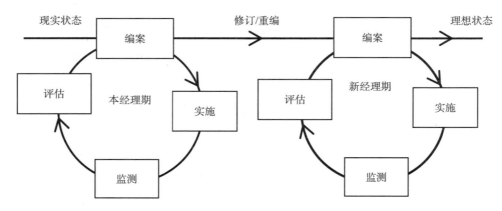

图1-2 森林经营方案制度适应性管理框架

方案符合当地社会整体利益和长远利益，具有科学性和可操作性。②实施。方案实施不仅是经营者的事，也是管理者的责任。编案单位作为森林经营方案实施主体，按照规划设计的各项任务和年度组织并开展各项经营活动；管理者需要强化森林经营方案审批管理，并且将森林经营方案作为森林采伐、森林抚育、生态修复任务分解的重要依据。③监测。一方面，因为经营决策很多是基于假设、判断和预侧，可能具有不同程度的风险和不确定因素，将会影响到方案执行过程；另一方面，森林经营环境随时会变化，经营项目实施也会带来不符合预期的效应。经营主体需要建立森林经营成效监测体系，动态监测森林经营方案执行情况、检验经营作业成果；管理部门要把各项森林经营管理的检查、核查、验收与森林经营方案执行情况结合起来。④评估。经营方案实施过程中或进入下一轮森林经理期时都应依据监测数据进行客观评估。管理者需要把森林经营方案实施效果作为评价林业经营管理水平和考核各级林业主管部门保护发展森林资源目标责任制的重要依据；经营者要定期评价森林经营方案实施效果，评估森林可持续经营状态。如果经营方案实施出现较大偏差（适应度低），主要是经营目标、森林分类、经营分区、采伐利用规模等发生较大变化时，就需要及时对经营方案进行调整或修订。

（二）森林经营方案应用方向

进入21世纪，森林经营理论体系从森林永续利用体系发展到以森林可持续经营为核心的现代森林经营体系，制定了国家、区域森林可持续经营的标准与指标体系，建立了森林可持续经营示范区和"模式林"，完善了森林可持续经营的实现途径。随着森林分类经营、森林近自然经营、森林多功能经营、森林生态系统经营等经营理论的提出和创新，森林经营方案编制与实施出现了一些新的应用态势。

1. 分类经营的森林经营方案

我国从 1995 年开始按照森林主导功能的不同将森林划分为生态公益林和商品林两大类，实行相应的经营管理措施，以及不同的经营管理政策。2001 年，修订的《国有林森林经营方案原则规定》充分体现了分类经营的原则，首先按照主导利用方向对经营单位进行分类，然后分别经营单位类型确定经营方向、建设重点和投资渠道等，在经营目标、经营管理措施等方面差异很大的生态公益林和商品林分别确定经营管理措施和开发利用措施（唐小平等，2001）。广西、广东、湖南等省份以经营桉树、杉木为主的国有林场、股份公司、林业大户都据此编制了用材林或丰产林森林经营方案，内蒙古、吉林等省份县域编制了农田林网或防护林森林经营方案。

2. 近自然经营的森林经营方案

近自然森林经营是以森林生态系统的稳定性、生物多样性和系统多功能和缓冲能力分析为基础，以整个森林生命周期为时间设计单元，林分建立、抚育和采伐的方式同潜在的天然森林植被的自然关系相接近，使林分能够接近生态的自然发生，达到森林群落的动态平衡。近自然经营一般采用小班经营法，以目标树标记和择伐及天然更新为主要技术手段，注重森林群落尺度的结构调整，在经营中使地区群落的主要本源树种得到明显表现，形成永久性林分覆盖的森林经营模式。陆元昌等（2010）研究提出了包括群落生境分析制图、森林发展类型设计、目标树作业方法、垂直结构导向等 4 个技术要素的近自然森林经理计划模式。2015 年，新修订的《森林抚育规程》引入了"目标树经营"概念，我国云南、山西、黑龙江等省份部分天然次生林区、生态公益林集中分布区、退化林区的森林经营单位大多采用了近自然经营法编制森林经营方案。

3. 多功能经营的森林经营方案

森林多功能经营强调森林是一种多资源的综合体，是在充分发挥森林主导功能前提下，通过科学规划和合理经营，同时发挥森林的其他功能，使森林的整体效益得到优化。现代的多功能森林模式，就是在同一块森林上通过实施各种活动实现其两种以上的功能，是一种异龄、混交、复层、近自然的多功能森林或永久性森林（曾祥谓等，2013）。近自然森林经营、结构化森林经营等本质上都属于多功能森林经营模式。中国林业科学研究院资源信息研究所开发了一套多功能森林经营方案编制技术体系，包括多功能森林经营区划、森林经营类型或作业法设计、可持续采伐量计算、投入产出分析及森林经营方案编制技术集成等关键技术及支撑软件工具，运用模型运算、数据统计、空间分析等技术方法，实现多功能森林经营方案的编制（谢阳生等，2019）。2017年，国家启动东北内蒙古重点国有林区森林经营方案编制工作，明确要求重点国有林区在全面停止天然林商业性采伐背景下，以林业局为单元形成多目标、多功能的森林经营方案。

4. 生态系统经营的森林经营方案

主要是从生态学视角关注森林经营问题，以森林生态学、景观生态学原理为基础，通过优化生态系统结构、功能和生态过程，以实现森林生态系统为人类提供的供给服务、调节服务、文化服务以及支持服务价值最大化。面向生态系统服务的森林生态系统经营通常包括两个层级：一是森林群落内不同层次，即地上植被和地下生态系统功能的综合考虑；二是森林群落间不同经营斑块水平在生态系统尺度的调整和配置，形成合理的森林景观格局（刘世荣等，2015）。众多学者开发了专门研究森林生态服务价值动态变化的森林经营规划系统工具包，如 FORUM、Forrus-s 等（梅光义等，2017），在汪清、白河、塞罕坝等森林经营方案编制中得到了较好的应用。

5. 森林认证的森林经营方案

就是符合森林认证要求、涵盖所有森林可持续经营的标准与指标的森林经营方案模式。森林认证是根据森林可持续经营的一系列原则、标准和指标，按照规定的和公认的程序对森林经营业绩进行认证。森林可持续经营的标准和指标，已被公认是定义、界定、评估、监测森林可持续经营的最佳手段和方法，我国参与的森林可持续经营国际进程主要有蒙特利尔进程、赫尔辛基进程、国际热带木材组织（ITTO）进程等，关键要素包括森林资源总量、生物多样性、森林健康和活力、森林生产力、森林保护功能、社会经济功能、法律政策和体制框架等七个方面。符合认证要求的森林经营方案编制更多地是围绕关键要素制定多样性的经营目标、重视社会和环境影响评价、关注高保护价值森林，还需要明确经营措施的执行机制和监测机制（赵建新，2014）。近年来，森林认证委员会（FSC）、中国森林认证体系（CFCC）在认证过程中，指导森林经营单位编制了一批具有森林认证特色的森林经营方案。

6. 生态保护修复工程的森林经营方案

新时期中国国有林场和国有林区的林业发展模式由木材生产为主转变为生态修复和建设为主、由利用森林获取经济利益为主转变为保护森林提供生态服务为主，全国全面实施天然林资源保护政策。2020年《全国重要生态系统保护和修复重大工程总体规划（2021—2035年）》印发，2021年全国重要生态系统保护和修复重大工程（以下简称双重工程）全面启动，2022年党的二十大报告中强调要以国家重点生态功能区、生态保护红线、自然保护地等为重点，加快实施重要生态系统保护和修复重大工程。当前国家每年投入200亿元以上资金实施双重工程项目，双重工程项目的主要内容是实施人工造林、封山育林（草）、退化林修复等森林经营措施，增加强林面积，提升质量。同时，《中华人民共和国森林法》规定国有林业企业事业单位必须按森林经营方案开展森林经营活动。因此，近几年，重点生态区域的国有林场、国有林业局等国有森林经营单位以生态修复学和森林可持续经营等理论为指导，重点围绕生态保护和修复，以提高森林生态服务功能，增强森林生态系统稳定性，扩大优质生态产品供给等为主要目标，衔接相关规划和文件，编制森林经营方案，为生态保护和修复项目开展提供依据。

（三）森林经营方案编制技术

森林经营方案编制技术主要体现在森林经营优化决策技术方面。数学与现代信息技术的结合，互联网、云计算、大数据、地理信息和人工智能等技术的高速发展为森林经营决策技术的快速发展奠定了坚实基础，林分经营优化决策模型、专家系统、决策支持系统结合的智能决策系统及基于大数据和计算机网络的群决策支持系统等决策技术逐渐成为森林经营方案编制技术研发和应用热点。当前中国森林经营方案编制技术的发展特征主要体现为模型化、可视化、智能化和云计算化。

1. 模型化

传统森林经理主要采用一系列数学公式测算经营单位的合理年伐量，20世纪60年代开始利用线性规划解决森林采伐伐区安排等问题，70年代开始利用目标规划解决多目标森林经营规划问题，包括后期的动态目标规划法、软科学规划法等在森林经营决策中得到了大量应用（唐小平，1995）。随着经营目标、约束变量等不断增加和决策周期不断延长，特别是异龄林经营决策的复杂化，使用蒙特卡洛整数规划、模拟退火算法、遗传算法、禁忌搜索算法等优化方法建立模型可以更好地获得森林可持续经营的最佳决策（陈佰望等，2004；王新怡等，2007）。刘莉等(2011)采用金属模拟退火优化算法等开发了森林模拟优化模型（FSOS），在加拿大和我国长白山林区等基于多种资源协调平衡管理观点设计了森林经营作业方案，促进实现森林经营多目标长期可持续协调发展基础上的森林生态系统理想状态。2005年，国家林业局调查规划设计院基于优化算法开发了森林模拟优化系统（FMODS），在吉林红石和汪清、甘肃小陇山、辽宁清原等地利用计算机模拟森林生长和经营过程，并进行优化决策确定合理年伐量（欧阳君祥，2005；欧阳君祥等，2017）。孙云霞等（2019）基于模拟退火算法逆转搜索开展大兴安岭塔河林业局森林空间经营规划，可以满足复杂森林经营规划问题的需要。代力民等（2006）开发了森林经营管理决策支持系统（FORESTAR），以景观生态学理论与方法构建了基于空间技术和多源生态数据融合的森林生态系统经营管理系统，并运用森林演替模型对森林经营管理方案进行评价，模拟不同经营方案下森林的动态演化过程，为确定不同目标的森林经营方案提供依据。

2. 可视化

森林经营可视化模拟就是利用可视化模拟技术来模拟森林经营过程及其

效果，通过现实预测未来，而更重要的是利用未来的状况再对现实活动进行评估，以此实现决策最优和"预警"的目的。美国学者 Brian Orland 在 1994 年最早利用可视化模拟技术开发了森林三维可视化系统（Smart Forest），可以模拟森林生长过程并辅助森林经营决策（刘海等，2010）。冷文芳等（2008）构建了辽东山区的可视化森林景观，并模拟了 4 种经营方案下林相的动态变化，得出最佳森林经营方案。李永亮等（2019）设计与实现了基于 CAVE2 的森林虚拟仿真系统，有效实现了虚拟现实硬件系统与可视化模拟软件系统的集成，可在沉浸式三维虚拟仿真环境内开展交互式森林经营与生长预估可视化模拟。沈康等（2020）基于模拟退火算法营可视化模拟多目标经营林分的动态过程。

3. 智能化 + 云平台

平衡协调优化森林生态系统的各种管理目标，制定出合理的规划方案是非常复杂的系统工程。近年来，借助大数据、云计算等高新技术，许旻、刘国良等团队开发了基于云计算平台的分布式随机森林算法（许旻，2014），可以通过局域网或者云端充分利用已有资源快速组建计算集群，大幅度提升智能算法的运算速度以平衡、协调、统筹、优化森林经营管理，最终实现森林生态系统的理想状态。利用人工智能技术可以自动进行短期计划与中长期规划的融合和同步调整，以不断适应各种不可控因素的影响，避免大量人为调整工作量的同时提高了分析质量，能确保战略预测是基于现实的假设，且规划运行与长期目标一致。

五、问题和建议

中国在法制、技术和政策等各个层面初步形成了森林经营方案制度框架，森林经营方案编制的理论、技术和方法等方面已基本与世界先进水平同步，在编制和实践方面也取得了很多经验。但当前中国森林经营方案编制和实施成效总体上还不太理想，编案技术和水平发展极不平衡，很多森林经营方案在编制上流于形式，在实施上不落地，既有方案本身不科学、脱离实际的问题，也有市场、政策等变化幅度太大的问题，但更多地还是经营者、管理者的责权利协调不够，需要围绕编案、实施、监测、评估等关键环节，抓好制度的完善、落实和执行，建立高效协同管理机制，快速提升森林经营方案编制水平和实施成效，促进森林质量生态系统稳定性、多样性和持续性。

第二章

新型森林经营方案基本特征

2019 年，在全球环境基金（GEF）资助下，国家林业和草原局组织实施"通过森林景观规划和国有林场改革增强中国人工林生态系统服务功能"项目。该项目是"全球景观恢复倡议"（The Restoration Initiative，TRI）的子项目之一。TRI 是以森林景观恢复方法为基础，旨在恢复和管理退化森林景观的全球联合项目，受 GEF 资金支持，由世界自然保护联盟（IUCN）、联合国粮食及农业组织（FAO）、联合国环境规划署（UNEP）联合执行。项目主要目标是推广和创新森林景观恢复模式，保护生物多样性、提高生态系统服务功能、治理土地退化及提高应对气候变化能力。

国有林场是我国生态修复和建设的重要力量，是维护国家生态安全最重要的基础设施，为保护国家生态安全、提升人民生态福祉、促进绿色发展、应对气候变化发挥了重要作用。但长期以来，国有林场功能定位不清、管理体制不顺、经营机制不活、支持政策不健全，林场可持续发展面临严峻挑战。为加快推进国有林场改革，促进国有林场科学发展，充分发挥国有林场在生态建设中的重要作用，2015 年，中共中央、国务院正式印发了《国有林场改革方案》。要求深入实施以生态建设为主的林业发展战略，围绕保护生态、保障职工生活两大目标，推动政事分开、事企分开，实现管护方式创新和监管体制创新，推动林业发展模式由木材生产为主转变为生态修复和建设为主、由利用森林获取经济利益为主转变为保护森林提供生态服务为主，建立有利于保护和发展森林资源、有利于改善生态和民生、有利于增强林业发展活力的国有林场新体制，为维护国家生态安全、保护生物多样性、建设生态文明作出更大贡献。国有林场改革后，森林经营主要目标和要求等发生重大变化，科学有效开展森林经营，快速提高森林质量，提升森林生态服务功能，成为国有林场前期和今后相当长一段时期的重要任务。

国有林场 GEF 项目根据国有林场改革等新要求和新变化，借鉴森林景观恢复等国际先进理念，通过编制和实施新型森林经营方案，促进国有林场的可持续经营能力，实现林场经营目标和功能定位相统一、管护责任和管理体制相匹配、经营措施与最终成效相协调，探索形成有效提高国有林场治理能力、精准提升中国人工林生态系统服务功能的机制体制，为全球森林恢复行动注入中国力量、贡献中国方案，并在国际平台上展现中国林业可持续发展的新面貌。项目初期选定贵州省桂花国有林场、贵州省拱拢坪国有林场、河北省草原林场、河北省黄土梁子林场、河北省木兰林场、江西省安子崀林场和江西省金盆山林场 7 个国有林场为试点单位。

新型森林经营方案的编制以景观生态学、生态修复学和森林可持续经营等理论为指导，以恢复生态系统完整性和提升森林生态服务功能为主要目标，采用优化决策新手段，制定森林景观恢复和优化方案，明确森林景观恢复途径、森林景观经营方向、措施和技术要求，为新时代国有林场森林可持续经营提供依据。新型森林经营方案具有应用森林景观恢复新理念、突出森林生态服务功能新目标、扩展生态修复新内涵、采用空间优化决策新方法等基本特征。

一、应用森林景观恢复新理念

（一）森林景观恢复理念的发展

森林退化和丧失是全球性问题，为应对世界范围内日益严重的森林退化问题和恢复退化的森林景观，2001 年，世界自然保护联盟（IUCN）、世界自然基金会（WWF）、国际热带木材组织（ITTO）及其他一些非政府组织提出了森林景观恢复（forest landscape restoration，FLR）的概念，认为森林景观恢复是一个过程，旨在恢复采伐迹地或退化森林景观的生态完整性，提高人类福利。2003 年，世界自然保护联盟、世界自然基金会和英国林业委员会在罗马发起了森林景观恢复全球伙伴关系（The Global Partnership on FLR，GPFLR），拓宽了森林景观恢复的定义，认为森林景观恢复旨在恢复退化土地的生态完整性，提高其生产力和经济价值，而不是重建过去的原始森林。2011 年，森林景观恢复全球伙伴关系在德国波恩提出了"波恩挑战（Bonn Challenge）"，这是森林景观发展的一个重里程碑，它提供一个致力于恢复退化森林和土地的国际平台，旨在到 2020 年在全球恢复 1.5 亿公顷退化和遭砍伐林地，到 2030 年恢复 3.5 亿公顷。此后，随着相关研究和工作的不断深入，森林景观恢复的内涵不断扩展，进一步延伸到生态系统的恢复，将重点从本地生态系统的物种组成及其过程转移到调节服务的供给和多重效益。

（二）森林景观恢复理念的特征

1. 重视适应性过程

森林景观恢复是一个动态的过程，而非仅仅是一个具体实施措施，过程管理是森林景观恢复的重要内容。森林景观恢复的过程具有参与性，森林景观恢复必须考虑所有利益相关者的需求，在公众参与的基础上开展，是一个利益相关方积极参与景观恢复的决策过程。森林景观恢复也是一个基于生态系统的适应性过程，主要包括了解森林景观恢复的自然、社会背景，协调和权衡森林景观恢复的目标和产出，制定恢复计划并实施，进行影响评估等内容，是一个持续、循环的过程。

新型森林经营方案的编制具备森林景观恢复适应性过程全部特征。一方面新型森林经营方案编制必须考虑利益相关者的需求，在编制过程要求利益相关者全面参与，决策时必须合理考虑利益相关方的需求；另一方面，新型森林经营方案编制也是一个基于生态系统的适应性管理过程，方案编制在全面了解和分析经营单位森林资源、生态系统、社会经济等各方面现状的基础上，科学进行经营决策，协调和权衡确定森林经营目标，并根据经营目标判断最终的经营措施，制定经营方案。

2. 强调生态系统完整性

生态系统完整性指维持生态系统的多样性和质量，提高生态系统适应变化的能力，以满足下一代的需求。习近平总书记指出，山水林田湖草是一个生命共同体，人的命脉在田，田的命脉在水，水的命脉在山，山的命脉在土，土的命脉在林和草。这深刻揭示了生态系统各要素之间以及整个生态系统与人的依存关系，也对是生态系统完整性的一个重要阐释。森林景观恢复要求合理减少对森林人为干扰或破坏，将森林的结构和功能恢复到更自然的状态，促进区域内森林生态系统生物多样性、分布连续性，正向发展演替的持续性。

森林可持续经营是当前森林经营的基本要求，也就是森林的经营和管理要满足现在和未来社会、经济、生态、文化和精神需求。森林的结构决定功能，新型森林经营方案的编制要求以坚持系统修复为原则，着眼于生态系统完善，通过提高森林生态系统的完整性，实现提升生态服务功能的目标。

3. 关注人类福祉

人类福祉是有关人类学、经济学、心理学、社会学和其他社会科学的概念，是一种人们正在享受的有价值的体验。千年生态系统评估（MA）将人类福祉的组成要素定义为满足高质量生活标准的基本物质需求、自由与选择、健康、良好的社会关系以及安全等。生态系统提供了几乎所有的人类福祉要素，千年生态系统评估将生态系统服务分为供给、调节、文化和支持等四类服务，将生态系统服务的提供与人类福祉的实现联系起来，反映了生态系统变化对人类福祉的影响。森林景观恢复项目一方面通过恢复生态系统服务所依赖的生态过程和功能来提升生态系统服务的作用，从而提升人类福祉；另一方面，森林景观恢复项目也可通过直接提升当地人的福祉，减少当地人生计对森林资源的压力，从而改善生态系统服务功能。

新时代国有林场森林经营的主要目标是提升森林生态系统服务功能，森林生态系统服务功能的提升是人类福祉提升的重要内容。"良好的生态环境是最公平的公共产品，是最普惠的民生福祉"，新型森林经营方案编制也要从提升人类福祉的角度考虑森林经营，提升森林经营方案编制的高度，增强森林经营案的科学性。

4. 凸显景观尺度

景观是由相互作用的生态系统组成，是以相似的形式重复出现、具有高度空间异质性的区域。森林景观恢复是指在被砍伐或发生退化的森林景观中恢复生态功能和增强人类福祉的过程。在景观尺度上进行森林恢复决策是森林景观恢复的重要特征。森林景观恢复着眼于恢复整个景观，以满足当前和未来的需求，提供多种效益，恢复生态系统功能，促进经济社会发展。然而，森林恢复远不止是植树，也不仅仅是森林面积增加或林分质量改善。人类、自然资源和构成景观的多种土地利用方式之间存在着动态的、复杂的互动关系，从景观和生态系统的角度审视这一问题，统筹局地与全球、当前与长远、发展与保护等关系将至关重要。森林景观恢复正是一种管理这种复杂关系的系统的、从景观层面入手的方法。

新型森林经营方案要求基于景观水平的可持续经营的理念，经营目标、经营措施和经营任务要从景观水平系统考虑，不仅仅局限于单个林分经营技术，还要着眼于整个森林经营单位或区域景观格局的优化和生态服务功能的提高。重点关注区域的林龄结构、景观元素和生态系统的空间布局，以及重要生态廊道的构建等全局性、方向性、战略性、中长期性问题。要求对接区域国土空间规划等相关规划和成果，从景观尺度考虑森林功能的提升和生态系统完整性的恢复，调整优化土地利用结构，明确森林恢复途径、森林经营方向、森林保护关键区域和生态廊道等，形成生态服务价值最佳的景观格局。

二、突出生态系统服务新目标

（一）体现国有林场绿色转型发展目标要求

国有林场汇聚了我国森林资源和生物多样性的精华，是建设生态文明的重要载体和促进绿色发展的重要基地，在全国生态建设中具有骨干作用。历史上，由于在定位、体制、机制、投入等方面存在诸多问题，国有林场积累了许多影响生存和发展的深层次矛盾，20 世纪 80 年代中期，大部分国有林场由全额拨款事业单位改为自收自支的生产性事业单位，林场主要收益来源于木材生产，债务负担重、民生问题突出。2015 年，国家全面启动国有林场改革，国有林场主要功能明确定位于保护培育森林资源、维护国家生态安全，森林经营目标从由利用森林获取经济利益为主转变为保护森林提供生态服务为主。2020 年，国有林场改革任务全面完成，国有林场生态保护和民生改善取得显著成效，大部分林场由自收自支的生产性事业单位改为由财政拨款的公益性事业单位，林场职工住房、基本养老保险、基本医疗保险等问题得到有效解决。当前，国有林场具备了转变发展方式、科学开展森林经营、提升生态系统服务功能、建设现代林场的基础条件。

随着经济社会快速发展，人们对森林资源和森林生态系统服务的需求不断提升，中国用仅占全球 5% 左右的森林面积和 3% 左右的森林蓄积量支撑了占全球近 20% 的人口对生态产品和林产品的巨大需求，中国森林资源和森林生态系统面临的压力越来越大，推进森林资源可持续经营，增加森林总量、提高森林质量、增强生态功能，已成为中国林业可持续发展、推进中国生态文明建设和建设美丽中国的战略任务。

《中华人民共和国国民经济和社会发展第十四个五年规划和 2035 年远景目标纲要》明确提出"坚持绿水青山就是金山银山理念""促进经济社会发展全面绿色转型""提升生态系统质量和稳定性"。国有林场是我国生态建设的主战场，新形势下，国有林场面临着全面实现战略转型、维护生态安全、建设生态文明、发展绿色产业的历史使命，快速提高森林质量、有效增强森林碳汇和应对气候变化能力，显著提升生态功能成为当前国有林场森林经营的主要任务和目标。

（二）采用以生态服务目标为导向的编案方式

新型森林经营方案编制采用以生态服务目标为导向的编案方式，将森林经营目标及相关指标的确定作为方案编制的核心内容，要求在全面确定经营和措施之前开展森林经营目标及相关指标研究，在对现状系统分析研究的基础上，根据经营单位生态区位、经营需求、经营能力、基础条件、森林主导功能等，强化森林生态系统经营管理，突出生态系统的多样性、稳定性和持续性，围绕提升森林生态系统服务功能，综合确定森林经营目标和相关指标，以确定的经营目标为导向，对一定时期内国有林场森林景观恢复、森林经营管理等活动做出科学有序安排，凸显和加强森林生态系统在当地经济、社会发展和生态环境保护方面的重要作用，补强森林生态系统比较薄弱的那部分功能，加快培育完整、健康、稳定、高效的森林生态系统。千年生态系统评估（MA）提出生态系统服务是指人类从生态系统中所获得的收益。这些收益包括生态系统在提供食物、水、木材以及纤维等方面的供给服务；在调节气候、洪水、疾病、废弃物以及水质等方面的调节服务；在提供消遣娱乐、美学享受以及精神收益等方面的文化服务，以及在土壤形成、光合作用和养分循环等方面的支持服务。因此，参照千年生态系统评估对生态系统服务的分类，新型森林经营方案的经营目标也分为支持服务、供给服务、调节服务、社会和文化服务四类。

三、丰富森林经营方案新内涵

传统的森林经营主要是指利用现代森林经理手段确定经营目标，组织落实森林培育和森林利用的各项技术措施。新型森林经营方案在传统森林可持续理论的基础上，基于中国森林资源现状，贯彻习近平新时代新要求，借鉴恢复生态学和景观生态学理论，将生态修复、景观恢复等内容纳入森林经营范围，采用新技术、新手段进行景观经营设计、组织生态修复和森林景观恢复。

（一）引进恢复生态学方法

恢复生态学指的是通过人们对生态系统的研究，从而不断对那些已经受损的生态环境进行重建和恢复的过程，使生态环境能够发挥出相应的生态功能，而且能够使自然生态环境实现可持续发展的一项科学，最早由英国学者于 20 世纪 80 年代提出，主要研究生态系统退化原因、退化系统恢复与重建技术方法及其生态学过程和机理。恢复生态学相对应的是已经受到破坏的生态环境，生态的破坏可以理解为生态系统的结构发生变化、功能出现退化、生态自然的关系出现紊乱。所以这个恢复的过程就是要将自然还原到一个协调的关系上。由于自然条件的复杂性以及人类社会对自然资源利用的取向影响，生态恢复并不能做到将被破坏的环境恢复到最原始的状态，只能在现有的基础上进行尽量恢复和还原，使自然生态系统能够维持一定的生态功能。生态恢复是在生态环境受损之后必须要进行的一项活动，通过各种物理、生物、化学等手段，对生态系统的发展方向以及演变的过程进行控制，从而实现重建的过程。

新中国成立时，我国的森林资源十分匮乏，森林覆盖率仅为 8.6%；新中国成立后，因国民经济发展的需要，以及"大跃进""文化大革命"等特殊历史时期的影响，直到 20 世纪 70 年代末，森林资源始终处于过度消耗状态。20 世纪 70 年代末开始，国家高度重视林业建设，将造林绿化定为基本国策，我国森林面积和蓄积量开始双增长。世纪之交，我国林业逐步向以生态建设为主转变，通过一系列林业重大工程建设，森林资源得到恢复性增长，森林资源质量逐渐提高。第九次全国森林资源连续清查结果显示，我国森林覆盖率达22.96%。但是，总体上来说，我国森林资源质量差，总量也不足，且因各种原因，很多早期营造的人工林处于退化状态。第九次全国森林资源连续清查数据显示，我国乔木林平均每公顷蓄积量为94.83立方米，平均郁闭度为0.58，平均胸径为13.4厘米。也就说，我国很多森林资源还处于非正常状态，没有形成稳定的森林生态系统，不具备正常森林可持续经营的基础条件，应基于恢复生态学理论，采用生态修复的方法和技术重建和恢复生态系统，将生态修复作为森林经营的重要内容，对退化或遭到破坏的森林进行造林、改造和复壮，有效提高森林质量，提升生态服务功能。

（二）应用景观生态学理论

景观生态学（landscape ecology）是一门新兴的地理学与生态学的交叉学科，主要研究空间格局和生态过程的相互作用及尺度效应。景观生态学以整个景观为对象，通过物质流、能量流、信息流与价值流在地球表层的传输和交换，通过生物与非生物以及与人类之间的相互作用与转化，运用生态系统原理和系统方法研究景观结构和功能、景观动态和保护，强调异质性、尺度性和高度综合性。

景观生态学20世纪30年代在欧洲形成，最早由德国植物学家Troll在20世纪40年代末利用航片进行土地利用研究时所提出，他认为景观生态学是研究某一区域的土地利用中生物群落较为复杂的关系以及生物的数量和活动等对生态环境的影响，以及每种生物群落在空间上的分布特征。此后景观生态学理论不断创新，应用领域不断扩展。全球景观生态学大致分为两学派：一个是北美派，主要从生态学中发展而来，注重于以生物为中心的生态学内容和以还原论为基础的方法研究，主要进行景观生态系统研究，侧重于景观的多样性、异质性、稳定性研究，形成了从景观空间格局分析、景观功能研究、景观动态预测、景观控制和管理的方法体系；另一个是欧洲派，主要从地理学和规划学中发展起来，注重于人文性和整体论，重点应用景观生态学思想和方法进行土地评价、利用、规划、设计以及自然保护区和国家公园的景观设计与规划，形成了系统的景观生态规划方法。从 20 世纪末开始，我国也随国际景观生态学的发展，逐渐将景观生态学应用于生物多样性保护、土地利用、城市规划等方面。

景观生态规划方法的提出也为森林经营管理提供了重要理论依据，其方法近年来在国内相关研究和实践案例不断得到验证。李明阳（1999）根据临安森林景观生态规划的目标，在对该地区 1983—1994 年的森林景观格局研究中，将森林资源调查结果作为主要信息源，并将该研究方法运用于森林景观格局分析。陈鑫峰（2000）等以森林景观视觉质量为研究内容，为森林景观生态规划利用提供了有效方法。郭晋平（2001）在其著作中不仅对森林景观生态规划的目标、任务、原则及步骤等进行了全面阐述，而且依据森林经理中分类经营对森林景观进行规划。喻庆国（2007）在分析、总结国外和我国森林景观生态研究内容和特点的基础上，根据世界森林景观生态研究的发展趋势和我国实际情况，提出了促进我国森林景观生态研究的持续发展应对策略。

森林经营方案是森林经营主体编制的森林培育、保护和利用的中长期规划，以及经营利用措施的规划设计，既包括经营单位森林资源经营管理规划的内容，也纳入了具体经营利用措施的技术设计。不管是法正林理论，还是生态系统经营理论，都是基于经营单位水平（景观水平）统筹规划森林经营任务和措施，考虑的是经营单位水平的森林可持续经营，考虑的是经营单位水平的长周期经营成效。但是，近期中国的森林经营以及相关研究更侧重于林分水平的森林经营。20 世纪 90 年代初，近自然林业理念传入我国，通过吸收消化，近自然经营理论成为我国森林经营理论和技术体系的重要组成部分，2016 年修订的《森林抚育规程》全面引入了近自然经营理论中目标树经营方法和技术，相关森林经营规划和森林方案编制也侧重于目标树经营等林分水平的经营方法和措施设计，对经营单水平（景观水平）的经营规划没有足够重视，设计的具体经营措施主要考虑满足单个林分的经营需求，不一定符合经营单位水平的整体经营目标，大部分经营方案也没有对经营单位长周期经营成效进行长周期预测分析，经营方案的实施对经营单位（景观水平）森林资源的长周期可持续性不确定。将森林经营从林分水平转变为景观水平的经营，强调森林景观的时空异质性和动态变化，以及森林景观的多样性和连通性，提高森林与其他土地利用模式镶嵌构成的复合景观的可持续性和稳定性，对新时代中国森林经营具有重要意义。森林景观经营不仅能够优化利用景观资源、权衡和协同多种生态系统的服务功能，还能减少森林生态系统及其与之紧密相连的社区环境和经济的风险，提升自然资源供给、食物安全和社会发展的长期稳定性。

因此，新型森林经营方案编制以景观生态学为重要理论依据，应用景观生态学原理，进行景观空间格局分析，从景观生态功能完整性、森林资源的内在特征以及实际的社会经济条件出发，通过对原有景观元素的优化组合或引入新成分，调整或构建合理的景观格局，使经营单位整体功能达到最优，实现人的经济活动与自然过程的协同发展。新型森林经营方案编制要求对森林经营单位森林景观元素的组成结构、空间格局等现状及其动态变化过程和趋势进行分析，确定森林经营单位景观管理目标，制定森林景观恢复和优化方案，实现景观水平上的森林可持续经营。

四、构建森林经营方案编制技术新体系

（一）统筹兼顾，景观与林分层次同步构建技术体系

森林经营方案编制既要包括林分水平的森林经营技术设计，也要考虑景观层次的目标优化和控制，要从微观到宏观、从局部到整体、从林分到景观，系统构建森林经营方案编制技术体系。林分水平的森林经营技术设计重点把握经营指标控制、经营类型设计、最佳经营措施确定等环节。景观层次的目标优化和控制强调生态过程恢复、突出景观恢复和优化，侧重整体结构调整和空间配置。

以国有黄土梁子林场新型森林经营方案编制为例，林分水平森林经营技术设计时，基于森林起源、树种组成、近自然程度和经营特征将黄土梁子林场森林分为 13 个经营类型，对每个经营类型的目标直径、树种组成、空间结构、各

生长阶段密度、各生长阶段经营措施和作业方式等进行了林分水平的具体经营设计;景观层次的目标优化和控制,重点基于景观分析对整个经营单位各景观元素面积进行了优化、对重要景观类型的恢复过程进行设计、对种苗发展及大径材培育和自然保护等区划布局进行了调整。

(二)因地制宜,科学确定森林经营组织方式

我国幅员辽阔,各类森林经营单位的森林资源现状及森林经营管理水平千差万别,各区域不同的森林受生态区位、经济发展水平、经营能力等的影响,经营需求也相差巨大。新型森林经营方案编制根据森林经营单位实际经营需求、经营水平、经营能力等因地制宜科学选择区域经营法、类型经营法和小班经营法等不同森林经营组织方式,以满足差异化的经营需求。

《森林经营方案编制与实施规范》(LY/T 2007—2012)要求森林经营方案编制单位在功能区划和森林分类的基础上,以小班为单元组织森林经营类型,要求综合考虑生态区位及其重要性、林权、经营目标一致性等因素,将经营目的、经营周期、经营管理水平、立地质量和技术特征相同或相似的小班组成一类经营类型,作为基本规划设计单元。但是,我国国有林场、国有林业局等森林经营单位的森林资源现状千差万别,森林经营管理水平差距巨大,采取统一的森林经营组织方式与实际并不相符,我国大部分国有林场适宜按经营类型组织森林经营,但也有部分林场因森林资源、经营管理等方面原因,采用小班经营法、区域经营方法等其他方式可能更科学和适用。实际上,我国一部分经济基础较好、技术力量雄厚、经营水平较高的林场就是以小班为基本单元开展规划设计和组织森林经营。如河北省木兰围场国有林场,技术人员较多,且素质较高,林场现有职工中 15 人具有全日制硕士研究生以上学历,258 人具有本科学历,323 人具有大专学历,具有正高级职称 66 人,副高级职称 89 人,中级职称 171 人。林场从 2010 年开始引进国内外专家开展探索森林可持续经营,以近自然育林理念为指导,采用目标树经营法,以小班为基本单元,针对每个小班单独开展调查和规划设计,组织营林生产,实践证明河北木兰围场有能力以小班为单位组织经营,也取得了较好的经营成效。另外,我国也有部分国有

林场森林资源类型单一，或管理要求单一，比较适宜采用区域经营法组织森林经营，如以自然保护区为主体的林场，经营措施主要根据管理目标确定，与森林资源现状相关性不强，完全可采用区域经营法，按区域规划设计和组织经营。

（三）强化目标，按生态系统服务类型分类安排经营活动

新型森林经营方案编制系统考虑森林经营目标、森林经营措施和任务的关系，提出要最大程度实现森林经营目标，按国际上森林生态系统服务类型分类安排和设计森林经营活动。森林经营措施直接关系森林经营目标，体现森林经营的目标性。

《森林经营方案编制与实施规范》（LY/T 2007—2012）要求按森林类别确定经营技术与培育、管护措施，规划设计森林抚育和更新改造等任务，并对非木质资源、森林游憩、森林健康和生态多样性保护等内容单独进行规划性设计。经营任务与经营目标衔接不太紧密时，方案编制时容易出现经营目标与具体经营任务及措施脱节的情况。

（四）与时俱进，采用现代新技术手段

森林经营方案编制区别于一般林业中长期规划，显著特征是需要根据森林生长周期长的特点对森林经营成效进行长周期预测分析，确保森林经营方案不出现重大偏差，实现森林可持续经营。新型森林经营方案编制要求合理借助工具软件，利用 GIS、VR、大数据处理等技术，模拟森林经营过程，对森林经营成效进行长周期预测分析，并采用人工智能算法，优化经营策略，增强森林经营措施和经营任务安排的科学性。

森林经营的周期长，经营决策过程复杂，任何一个森林经营单位的经营措施及任务时间安排都有无数种可能，在既考虑时间和空间的约束条件，又考虑景观水平的经营目标实现的要求下，有经验的森林经营专家可能在一定时间内做出一个基本满足政策、技术等要求的方案，但方案是否最优很难在短时间内有效评估，必须借助先进的技术方法和分析工具进行计算判断，实现决策优化。

当前国际国内有很多相关工具软件，也有专门的公司提供相关服务。相关工具软件应用的难点是需要建立经营单位内各类林分生长和经营模型、模拟预测和优化森林经营过程，当前国内森林经营建模的基础数据获取十分困难，在缺少长期监测数据和经营密度控制模型等基础支撑的条件下，建模的时间和资金成本高昂，且精度难以满足要求。

第三章

森林经营现状分析评估

森林经营现状分析评估是森林经营决策、经营措施和任务安排的基础，是新型森林经营方案编制的重要内容。新型森林经营方案编制应根据森林经营单位森林资源和森林经营现状，应用景观生态学理论，基于景观水平对国有林场现状进行分析，并从支持、调节、供给、文化和社会服务等方面总结分析森林经营需求，从森林景观格局、森林资源数量与质量、生态服务功能等方面分析经理期内应该并且可以解决的问题。森林经营现状分析评估应突出景观分析内容，基于景观元素类型划分，对林场景观格局、景观特征和生态适宜性进行系统分析，为森林景观恢复和优化等提供依据。

一、基本情况

（一）自然地理

自然地理条件是开展森林经营规划设计的重要依据，主要指地理位置、地形地貌、气候、土壤、植被等基本情况。新型森林经营方案编制应概述森林经营单位所处区域的地理位置、经营区面积、地质地貌、气候、土壤、植被等基本情况，重点阐述与森林经营相关的内容，并指出森林经营的有利因素和不利因素。地理位置应说明生态区位，地质地貌侧重阐述地形、海拔等影响森林分布的关键因子，气候需要阐述降水、气温等影响林木生长的因子及分析其特征，土壤重点说明土壤类型和厚度，植被应说明主要植被类型和分布情况（专栏 3-1）。

专栏 3-1　黄土梁子林场自然地理概况

河北省平泉市国有黄土梁子林场总经营面积 14268.34 公顷，地处河北省东北部，河北、辽宁、内蒙古三省份交界处，燕山山脉末端辽河上游，东经 115°54′~119°15′、北纬 40°12′~42°40′，西南距北京 320 千米，西距承德市 110 千米。林场属中、低山区，平均坡度 15°，主山脉呈东西走向，以中低山和丘陵为主，由坡地、缓岗、冲击滩、沟谷、洼地、河滩、川地等构成复杂地形，整个地势西部较高，由西向东逐渐降低，最高海拔 1365 米，最低海拔 668 米，主要岩石由石灰岩、砂页岩组成。

林场属于中温带大陆性干旱季风山地气候，四季分明。其特点是春季风大干旱、夏季炎热多雨、冬季寒冷干燥，年平均气温 6.60℃，无霜期 120~130 天，年均降水量 540 毫米，70% 集中在 7、8、9 三个月份，昼夜温差大，局部气候差异显著，年日照总数为 2000~2900 小时，日照率为 65%，自然灾害较多，旱、涝、风、雹、沙、霜冻灾害均有，不利于森林培育。林场森林覆盖率较高，涵养水源的能力强，在维护区域水资源安全与生态安全中发挥着重要作用。林场土壤类型有草甸土、棕壤土、草甸褐土、褐土。其中，棕壤土占 65.00%，褐土占 30.00%，其他占 5.00%。土壤 pH 值 6.50~7.50，土壤有机质含量低，平均为 1.00%，土壤平均厚度大于 60 厘米，生产力水平属中等水平。

林场立地条件差异大，植被类型多样，有针叶林、阔叶林、灌丛、灌草、草丛、草甸、沼生植被等多种类型。针叶林主要为油松林、华北落叶松林，以及少量侧柏林；阔叶林主要为刺槐林、山杏林和山杨林等；灌丛主要有胡枝子灌丛、榛子灌丛和照山白灌丛等；灌草主要是荆条-酸枣-黄背草灌草丛；草丛主要是黄背草草丛；草甸主要为地榆-蓝花棘豆杂草草甸、小红菊-委陵菜杂草草甸等；沼生植被有薹草沼泽和薹草沼泽等。

（二）社会经济

社会经济条件主要指影响森林经营的生产力与生产关系的相关因素。新型森林经营方案编制需要阐述影响森林经营的社会经济基础条件，主要包括森林经营单位所处区域的人口和经济发展、产业结构与产值、相关产业与加工能力以及森林经营单位内职工收入、单位收入等，重点阐述影响森林经营的相关情况（专栏 3-2）。

专栏 3-2　黄土梁子林场社会经济情况

截至 2019 年年底，林场范围涉及 5 个乡镇，总人口为 81391 人，其中农业人口 71683 人，占总人口的 88.1%；少数民族人口为 22211 人，占总人口的 27.3%。区域居民人均可支配收入 8200 元，农户均收入达 2.7 万元，年农林牧渔业总产值 96029 万元，农村居民人均纯收入为 13000 元。其中，林业产值 3334 万元，占总产值的 3.4%。林场职工工资全部为县财政全额保障，职工基本养老保险、医疗保险等"五险一金"保障率达到了 100%，在职职工现年平均工资 6.2 万元。林场森林经营投入资金来源主要有两个方面：一是重点林业项目投资，生态效益补助资金试点、天然林资源保护、中央财政森林抚育补贴等林业项目资金；二是食用菌种植、种苗销售等经营性收入。

（三）基础设施

主要指森林经营单位对外交通、内部经营道路、管护用房、宣教场所、通信和水电条件等服务森林经营的基础设施（专栏 3-3）。

专栏 3-3　黄土梁子林场基础设施情况

林场机关坐落在围场县城，12 个分场全部位于乡镇村周边，分场场部均为楼房，交通便利，全部通柏油路，电网配备齐全，办公设备、生活装备等比较齐全，每个分场有 2~4 辆业务或办公用车。营林区 90% 以上通村级公路，电网齐备，林场内中国电信、中国联通和中国移动通信信号全覆盖，林区道路密度平均达到 6.3 米/公顷，基本适应营林生产需要。

（四）土地利用

概述森林经营单位各类土地面积和比例、林地类型及利用现状（专栏 3-4）。

专栏 3-4　黄土梁子林场土地利用现状

林场总经营面积 14268.34 公顷，森林覆盖率 93.00%。有林地面积 12456.22 公顷，占总经营面积的 87.30%；灌木林地面积 814.42 公顷，占总经营面积的 5.71%；疏林地面积 209.93 公顷，占总经营面积的 1.47%；未成林造林地面积 56.19 公顷，占总经营面积的 0.39%；苗圃地面积 11.2 公顷，占总经营面积的 0.08%；耕地面积 61.37 公顷，占总经营面积的 0.43%；无立木林地面积 378.18 公顷，占总经营面积的 2.65%；宜林地面积 69.58 公顷，占总经营面积的 0.49%；工矿地面积 211.25 公顷，占总经营面积的 1.48%。

（五）机构人员

概述森林经营单位组织机构设置、人员结构，特别是从事森林经营的人员、学历或者职称结构、专业技能等。重点体现森林经营单位的经营能力和水平（专栏 3-5）。

专栏 3-5　黄土梁子林场机构人员现状

林场设立办公室、财务科、经营科、护林大队四个科室，护林大队下设小庙、南梁、茅兰沟、平房、油坊营子等 5 个森林管护站，建有国家级刺槐良种基地一处，现有职工 162 人，其中退休职工 57 人，在职职工 105 人。在职职工中从事专业技术人员 22 人，科员 1 人，森林管护工人 82 人，女职工占比 30%。专业技术人员中：正高级工程师 2 人，高级工程师 6 人，工程师 13 人，技术人员 1 人；森林管护工人中：技师 21 人，高级工 51 人，中级工 8 人，初级工 2 人。在职职工中本科以上人数 19 人，大专人数 11 人，高中及中专人数 36 人，初中及以下人数 39 人。

（六）经营沿革

简述森林经营单位森林经营和管理的历史发展变化，特别是国有林场改革的基本情况，如改革后单位性质变化、资金来源变化、管理机制变化、职工收入变化等（专栏3-6）。

专栏3-6　偏城林场森林经营沿革

偏城林场始建于1958年，行政区域属河北省邯郸市涉县管辖，建成初期为省级正科级全额拨款事业单位，1984年下放归县林业局管辖，为自收自支事业单位，2019年实施国有林场改革，被划定为一类事业单位。自建场以来，生态建设历程大体可分为造林和营林两个阶段。自建场以来，以改善生态环境为目标首先开始了山地油松直播造林与干旱阳坡侧柏植苗造林试验，尤其以1975—1982年为主要造林高峰期，总结积累了丰富的侧柏、油松山地块状育苗和侧柏裸露山地植苗造林成功经验。1981年后逐步转向以森林经营为主、造林为辅相结合的营林阶段，主要实施定株、透光伐、修枝、下层疏伐等抚育管理作业。20世纪90年代因受营林生产资金限制，生长间伐、修枝等抚育管理作业未能及时跟上，导致大部分林分因自然整枝不良、通风透光不畅、郁闭度大，严重影响林木的生长发育，对病虫害防治、森林防火极为不利。近年来，随着国家在森林经营政策和资金扶持力度不断加大，林场森林抚育等工作也逐渐开展，其中2010年度抚育5000亩[*]。2010年以来，林场将工作重点聚焦于森林经营，不断加大营林投入，推进森林可持续经营。

二、森林景观分析

景观是在较大区域内，由相互联系的生态系统共同构成的具有一定结构、功能及动态变化规律，具有生态、经济、文化等多重价值的自然综合体。构成景观的异质性单元称为景观元素或景观单元。一般用斑块—廊道—基质模式来描述景观空间格局，斑块是景观空间尺度的最小异质性单元（景观元素），廊道

---

[*]1亩=0.067公顷

指不同于两侧基质的狭长地带，实际上为带状斑块，基质是景观中范围相对较大、相对同质且连通性最强的背景地域，是一种重要的景观元素。

森林景观是以森林生态为主的景观。森林景观分析是新型森林经营方案编制按森林景观恢复相关要求增加的内容，主要是在森林经营单位景观元素分类的基础上，对景观特征、演替阶段和发展变化情况进行综合分析，为森林景观恢复和优化方案制定提供依据。

（一）景观元素类型

景观元素实际指构成景观的具体生态系统，因此景观元素类型划分也就是对构成景观元素的生态系统进行分类。新型森林经营方案编制原则上要求按地类和群落类型对景观元素进行分类，地类划分可基于森林资源二类调查采用地类划分标准，并参照自然资源部办公厅关于印发的《国土空间调查、规划、用途管制用地用海分类指南（试行）》的要求合理确定。考虑分类的主要目的，对林地的分类要适当详细一点，可在国土二级分类标准的基础上根据森林资源调查相关标准细化到三级分类，对林地以外的地类可采用国土的二级分类。群落类型划分可主要依据优势树种（组）确定（专栏3-7、专栏3-8）。

专栏 3-7　偏城林场森林景观元素类型统计

景观元素类型			面积（公顷）	面积占比（%）
一级分类	二级分类			
地类	群落类型	优势树种		
乔木林	侧柏针叶林	侧柏	828.55	30.00
	油松针叶林	油松	442.31	16.01
	柞树硬阔林	柞树	95.94	3.47
	刺槐软阔林	刺槐	3.58	0.13
	其他针阔混交林	—	39.08	1.41
	其他软阔林	—	9.16	0.33

续表

景观元素类型			面积（公顷）	面积占比（%）
一级分类	二级分类			
地类	群落类型	优势树种		
灌木林	皂荚天然灌木林	皂荚	955.54	34.59
	荆条天然灌木林	荆条	261.03	9.45
经济林	黄连木	黄连木	26.37	0.95
	核桃	核桃	30.61	1.11
	花椒	花椒	2.04	0.07
未成林造林地	—	—	11.45	0.41
草地	—	—	17.03	0.62
裸岩和其他	—	—	39.59	1.43

专栏 3-8　银坞林场森林景观元素类型统计

景观类型	起源	树种	面积（公顷）	占比（%）
针叶纯林	天然林	杉木	91.56	2.24
		小计	91.56	2.24
	人工林	马尾松	6.98	0.17
		湿地松	1892.96	46.27
		杉木	1012.37	24.74
		小计	2912.31	71.18
	合计		3003.87	73.42
阔叶纯林	天然林	枫香	6.59	0.16
		栲树	6.49	0.16
		其他硬阔	5.83	0.14

续表

景观类型	起源	树种	面积（公顷）	占比（%）
阔叶纯林	人工林	枫香	127.13	3.11
		其他硬阔	52.81	1.29
	合计		198.85	4.86
针叶混交林	天然林	杉木＋湿地松	26.51	0.65
	人工林		362.7	8.86
	合计		398.21	9.73
针阔混交林	天然林	混交林	64.59	1.58
	人工林		145.59	3.56
	合计		210.18	5.14
阔叶混交林	天然林	米槠栲常绿阔叶林	151.92	3.71
	人工林	枫香落叶阔叶林	20.34	0.50
	合计		172.26	4.21
竹林	天然林	毛竹	6.04	0.15
	人工林		7.49	0.18
	合计		13.53	0.33
灌木林	人工林	灌木	94.48	2.31
	合计		94.48	2.31

（二）景观格局与特征分析

景观格局指景观元素的空间关系，即景观元素的大小、形状、数量、类型及空间配置相关的能量、物质和物种的分布。景观格局分析目的是通过对看似无序分布的景观元素分析，发现潜在的规律性，为控制或优化景观提供依据。当前的森林景观格局是过去森林景观动态发展的结果，是许多生态过程长期作用的产物；同时，景观格局也是景观生态过程，即不同的景观格局对组成景观的元素、生物个体、种等具有不同影响和作用。因此，森林景观格局分析进行动态过程和变化分析，要结合历史森林景观进行动态分析，比较不同森林景观的空间格局及其效益，以了解森林景观动态变化的原因和控制机制。

景观格局与特征通常采用景观空间格局指数和景观格局模型分析。景观空间格局指数包括景观元素特征指数和景观整体特征指数。景观元素特征指数主要用于描述景观元素的面积、周长和斑块数等特征，景观整体特征指数主要包括多样性指数、距离指数、镶嵌度指数和生境破碎化指数等。景观格局指数十分丰富，具体计算十分复杂，一般需要借助工具软件完成。景观格局模型是指采用地统计学、格子动力学等理论和方法，分析景观元素的空间相关性，模拟推算景观结构和功能的动态变化。当前景观格局模型相关研究较多，但模型建立较复杂，实际应用难度较大。

森林景观格局与特征分析要从生物多样性保护、景观格局特征和动态演替的角度，分析各景观破碎化、多样性等格局特征及景观生态过程，判断各类景观元素空间布局、面积变化及形态特性的合理性，提出景观优化调整措施建议（专栏3-9）。

专栏3-9　黄土梁子林场景观格局与特征

黄土梁子林场整个景观香农多样性指数为0.58，景观多样性较高，但香农均匀度指数为0.26，相对较低，整个景观是由少数几个大的斑块类型控制。在一级景观元素类型中，森林斑块个数最多，其次为灌木林，而苗圃和未成林斑块个数最少；森林斑块面积最大，其次为宜林地，而苗圃和草地的最大斑块面积仅为5.63公顷和6.78公顷；林场森林边界密度最大（26.89米/公顷），而苗圃斑块完整性最高（0.02米/公顷）。从一级景观元素类型分布来看，森林主要分布在阴坡和半阴坡，灌木林主要分布在干旱土壤瘠薄的阳坡，草地所处立地条件最差，大部分为岩石裸露的阳坡。在二级景观元素类型中，油松林斑块个数最高（497个），刺槐林和华北落叶松林相当，分别为277个和257个，而阔叶混交林个数最少，为32个；油松林斑块面积最大（280.66公顷），刺槐林和华北落叶松林其次，针阔混交林最小；平均斑块面积也以油松林最高，针阔混交林平均斑块面积最小（3.98 公顷）；刺槐林和油松林斑块面积最小，针阔混交林的最小斑块面积最大（0.30 公顷）；由边界密度指数可知，林场油松林边界分割程度较高（34.59 米/公顷），阔叶混交林和针阔混交林斑块完整性相对较高，边界密度分别为 1.87 米/公顷和 2.95米/公顷。从二级景观元素类型分布来看，油松是林场最为适宜的树种，不仅分布面积大，主要分布在阴坡和半阴坡，也是林场生产力最高、水土保持功能最高的森林景观元素类型。刺槐林主要分布在阳坡和半阳坡，几乎全部为生长缓慢的低效林。华北落叶松林分布于 800 米以上的山地，普遍生长不良。

总体上，黄土梁子林场整体景观多样性较高，但以优势斑块类型为主，现有景观格局稳定性较差，森林、灌木林、草地等由于人为活动或一些自然因素的影响呈现一定的破碎化倾向，森林景观元素类型中的刺槐、油松和华北落叶松林斑块数量较多，最小斑块面积较小，破碎化趋势明显，景观元素类型的破碎化倾向，会对物种多样性保护、退化森林生态系统的恢复以及水土保持功能的有效发挥造成一定的影响。

（三）景观生态适宜性分析

根据景观资源与环境特征，以及发展需求与资源利用要求，从景观的独特性、多样性、功效性、宜人性等角度，分析景观的资源质量以及相邻景观的关系，确定景观对某一用途的适宜性和限制性，并进一步对比分析不同经营措施或经营方向对景观结构和生态功能影响，为景观的经营措施和经营方向的确定提供依据（专栏 3-10）。

专栏 3-10　偏城林场景观生态适宜性分析

侧柏针叶林：面积 828.55 公顷，占比达到 30.00%，绝大多数为中龄纯林，林层单一，结构简单，稳定性差，应进行林分结构调整，适当引入阔叶树种，促进形成针阔混交林，提高保持水土和涵养水源能力。

油松针叶林：面积为 442.31 公顷，占比达到 16.00%。大部分为人工单层纯林，以成过熟林为主，容易发生病虫害。应逐步调整树种结构，利用油松天然更新能力较强的特点，加强其他树种引进，引导培养成复层异龄林。

柞树硬阔林：面积为 95.94 公顷，面积占比 3.50%。区域顶极群落类型之一，以柞树为主，伴生树种较多，林分结构稳定，具有很高的生物多样性保护价值，应以保护为主。

其他针阔混交林：面积为 39.08 公顷，占比 1.40%。多为天然次生林，以油松和柞树等树种为主，群落内树种组成复杂，群落结构稳定，水土保持和水源涵养能力较强，但当前群落多为幼龄阶段，生态服务功能不强，后期应该加强保护和经营管理。

刺槐及其他软阔林：总体面积较小，为 12.74 公顷。群落树种单一，结构简单，郁闭度较低，林相杂乱，水土保持和水源涵养能力弱，可适度补植，提升林分质量。

灌木林：分为皂荚和荆条天然灌木林，面积分别为 955.54 公顷和 261.03 公顷，景观面积占比分别可达 34.60% 和 9.50%。整体结构简单、稳定性差，处于群落演替初级阶段，保水保土功能较弱；可根据具体立地条件，在立地条件相对较好区域补植乡土乔木树种，加速群落演替，提升生态功能。

经济林：主要经济树种有黄连木、核桃和花椒，面积分别为 26.37 公顷、30.61 公顷和 2.04 公顷；应进行以管护为主的保护性经营，在维持经济效益的同时，发挥其水土保持和水源涵养功能。

草地：面积 17.03 公顷，景观面积占比 0.60%。零散分布于其他景观元素斑块周围，丰富了经营单位内的景观丰富度，对提高林区整体的植物多样性有重大作用。

从林场景观动态发展来看，历史上林场所在区域顶极群落为针阔混交林和阔叶混交林，因长期的人为影响，1958 年建场时，林场内有林地面积只有几十亩，多为荒山荒地，经过几十年的人工造林和天然恢复形成了当前以侧柏针叶林为主的景观特征，但是大部分林分初植密度大，抚育不及时，且林地较分散，森林资源管护难度大，林区放牧十分普遍，牲畜破坏森林的现象时有发生，天然更新不良，森林景观自然演替进程受到严重影响。

三、生态系统分析

（一）森林资源

分析森林经营单位林场森林资源数量、质量、结构等，总结森林资源特征和存在问题（专栏 3-11）。

专栏 3-11 偏城林场森林资源

一、森林资源数量

林场经营总面积 2762.28 公顷，其中，有林地面积 1477.64 公顷，占总面积的 53.49%；灌木林地 1216.57 公顷，占总面积的 44.04%；未成林造林地 11.45 公顷，仅占总面积的 0.42%。

全场共辖 9 个营林区，总蓄积量 70085.34 立方米。在 9 个营林区中，关防和前岩营林区面积占比最大，分别占总面积的 26.90% 和 21.80%，但总蓄积量较小，占比分别仅为 3.60% 和 1.60%，两个营林区以灌木林为主；西岐、石峰和鹿耳寺这三个营林区总蓄积量最高，占比分别可达 26.70%、30.50% 和 19.10%；母猪寨和东山营林区面积和总蓄积量最小，面积分别为 48.85 公顷和 47.39 公顷，蓄积量分别为 773.76 立方米和 299.93 立方米。

二、森林资源质量

偏城林场乔木林单位面积蓄积量仅为 49.40 立方米/公顷，低于全国平均水平；平均郁闭度 0.49，平均胸径 10.3 厘米，平均密度株数 1305 株/公顷。目前，林场内资源质量低，林地分散，林分分布不均，总体呈稀疏状态，平均郁闭度低。林场绝大部分林木胸径小于 20 厘米，按径级（Ⅰ~Ⅳ）划分，偏城林场Ⅱ径级林木所占面积和蓄积量比例最高，分别为 77.30% 和 90.10%；Ⅳ径级林木所占面积比例次之，为 11.50%；Ⅰ径级林木面积占比 5.90%。

三、森林资源结构

（一）森林类别

林场林地面积 2705.66 公顷，其中，公益林面积 2650.16 公顷，占林地面积的 97.90%；包括国家级公益林 1328.21 公顷、省级公益林 1034.58 公顷以及其他公益林 287.37 公顷；商品林面积 55.50 公顷，仅占林地面积的 2.10%。国家级公益林蓄积量为 66183.64 立方米，占总蓄积量的 94.40%；省级公益林和其他公益林，蓄积量占比分别为 4.40% 和 1.20%。

（二）起源

林场人工林和天然林面积占比相当，人工林面积 1352.95 公顷，蓄积量 68630.49 立方米，占乔木林蓄积量的 97.90%；天然林面积 1352.71 公顷，蓄积量 1454.85 立方米，占乔木林蓄积量的 2.10%。林场天然林面积占比大，但主要是灌木林。

（三）树种

林场树种结构单一，乔木林树种主要为侧柏林和油松林，面积和蓄积量占比分为 86.10% 和 97.80%，柞树硬阔林面积和蓄积量占比分别为 6.50% 和 1.10%。

（四）龄组

林场乔木林幼、中、近、成、过熟林的面积比例为 13∶38∶17∶29∶3，蓄积量比例为 3∶38∶22∶32∶5，中龄林占比偏大。

（二）生物多样性

阐述森林经营单位内植被资源、动物资源、植物资源等基本情况，重点介绍典型群落、重点保护的野生动植物种类及分布（专栏 3-12）。

专栏 3-12 偏城林场生物多样性

林场内地貌类型多样，气候多变，蕴藏着丰富的植物资源。乔木树种主要有华山松、油松、樟子松、柞树、刺槐、臭椿、黄连木等，草本植物以菊科为主，主要有铁杆蒿、大油芒、金莲花、白草等；野生灌木、花卉主要有荚蒾、锦带花、金露梅、蓝刺头、红黄刺玫等；林下资源主要有蘑菇、黄花菜、蕨菜等；重点保护动物主要有狼、狐狸、野猪、鸳鸯、獾、黄鼠狼等。

林区植被主要由天然灌丛、落叶阔叶林、针叶林组成，根据面积占比，大致可以区划为三大群落类型。

针叶林群落：主要是以侧柏和油松为优势树种构成的人工针叶纯林或混交林，面积1279.64公顷，占林场总面积的46.30%。该群落树种结构较为单一，伴生树种有云杉和樟子松，灌木层常见树种为荆条、酸枣、野皂角、绣线菊等；草本层以菊科为主，包括有蒿类、白草、黄背草、梭草等，部分立地条件较为恶劣的区域，林下灌木较少或灌木层缺失，仅有稀疏草本植物。

柞树硬阔林群落：主要分布于母猪寨营林区、关防和前岩营林区部分区域以及西岭营林区南部，面积95.94公顷，占林场总面积的3.50%，群落林层结构完整，是区域典型顶极群落之一，具有较高的生物多样性保护和群落演替研究价值。

灌木林群落：各个营林区都有分布，面积1216.57公顷，占林场总面积的44.80%，以皂荚和荆条天然灌丛为主，群落内植物物种丰富，是众多小型哺乳类、爬行类及鸟类等野生动物的重要栖息场所。

（三）生态系统特征

主要包括森林经营单位内主要生态系统的典型性、自然性、珍稀性、脆弱性和多样性等特征（专栏 3-13）。

专栏 3-13 偏城林场生态系统特征

一、典型性

林场地处太行山区，是涉县最大的生态防护林区。植被主要为天然恢复的灌木林、人工栽植的侧柏林和油松林及少量保存相对完好柞树硬阔林。人工侧柏林和油松林是当前区域最具代表性植被类型，柞树硬阔林是区域最重要的顶级群落之一。

二、自然性

林场建场时有林地只有几十亩，现有乔木林大部分为 1975—1982 年人工营造的侧柏林和油松林，这些林分初植密度较大，后期抚育经营不到位，林分结构简单，生态系统稳定性差，自然度较低；天然恢复的灌木林内物种丰富，自然度较高；少量保存相对完好的柞树硬阔林，生物多样性程度高，自然性完好。

三、珍稀性

林场现存一片保存相对完好的柞树硬阔林，这种群落是区域顶级群落之一，区域现存面积极小，在生物多性保护、群落演替等方面具体极高研究价值。林场地貌多样，分布有连翘、柴胡、黄芩、丹参等多种珍贵药材，以及多种国家级重点保护野生植物。

四、脆弱性

林场地处太行山中南段中山区，地形复杂、山高多岭、沟谷纵横、山势陡峻，历史上植被受到毁灭性破坏，水土流失极为严重，当前林场内石厚土薄，有机质含量低，森林质量很低，生态系统比较脆弱，受损后极难恢复，森林质量提升和生态系统恢复难度很大。

四、经营需求

重点从支持、调节、供给、文化和社会服务等方面总结分析森林经营单位对森林经营的需求。

（一）支持服务需求

根据森林经营区的森林资源、生物多样性等现状，分析林地生产力提升、生态系统结构完善、生物多样性保护等生态支持服务提升方面需求（专栏3-14）。

专栏3-14　偏城林场支持服务需求

偏城林场地处太行山东麓，作为山西、河北、河南三省份交界之地，人类活动对该区植被变化影响巨大，历史上由于人口增加、耕地面积扩张、天然林开发利用等因素导致该区域自然生态系统逐步退化。自建场以来，经过数十年的修复重建，偏城林场森林覆盖率得到显著提高，林地生产力和生物多样性水平逐年增加，生态系统完整性逐步改善，但林场森林质量还是低差，林地生产力和生物多样性水平仍处于很低水平。而生物多样性作为人类生存和发展的物种基础，完整的生境斑块是区域生物多样性的重要源地。偏城林场作为生态公益型林场，应紧紧围绕生态环境支撑区的战略定位，进一步通过大面积荒山造林、近自然育林、流域治理等手段，完善生态系统，维护生物多样性，提升森林质量，提高林地生产力。

（二）调节服务需求

基于森林经营区生态区位、社会经济环境存在的主要生态问题，围绕森林的水文调节、土壤保持、防风固沙、固碳释氧等生态功能，阐述区域社会经济发展对森林经营单位主要生态调节服务的需求（专栏3-15）。

专栏 3-15　偏城林场调节服务需求

　　林场所处生态区位十分重要，首先，作为下游"岳城水库"的水源涵养地，是漳河的主要发源地，其水源涵养功能至关重要，必须大力提升其水源涵养能力；其次，作为太行山东麓山西、河北、河南三省份的交界之地，偏城林场境内森林资源的可持续经营，对区域的生态环境安全具有重大意义。区域历史上水土流失十分严重，科学经营森林，加快提升林场森林的土壤保持能力十分迫切。

（三）供给服务需求

　　从区域社会经济发展和森林经营单位可持续发展等角度，阐述社会对森林经营单位生产木质产品和非木质林产品的需求（专栏 3-16）。

专栏 3-16　偏城林场供给服务需求

　　当前，在"互联网+"新业态下，加上节假日、职工带薪休假等制度的落实，人们对森林生态产品数量和质量的要求与日俱增。林场具有区域相对丰富的森林资源和良好的生态环境，公众对林场开展森林经营和森林旅游活动，提供有形的木材及非木质林产品，以及提供涵养水源、保持水土、净化空气、康养游憩等无形产品具较高的期望。

（四）文化和社会服务需求

　　围绕提供森林康养游憩场所、开展自然教育、增加就业机会、提高职工收入、促进科技进度等方面分析，确定社会对森林经营单位及文化和社会的主要需求（专栏 3-17）。

专栏 3-17　偏城林场文化和社会服务需求

　　林场场部所在地，紧邻历史上一二九师师部的驻地，林场历史上也是一二九师战斗生活的区域，地方政府近期正大力发展以一二九师为主题的红色旅游，要求林场快速提升森林质量，为红色旅游提供良好的场所。林场部分位于县城周边，是城镇居民生态休闲的重要场所，但现有林分质量与高质量生态休闲的要求还有较大差距，迫切需要对现有林分进行提质增效。另外，林场所在区域人多地少，工业不发达，就业机会少，迫切需求持续的森林经营活动不断提供就业机会，增加收入，维持区域社会经济可持续发展。

五、主 要 问 题

根据需求与现状的差距，重点从森林景观质量、森林资源数量、生态系统服务能力、生态产品供给能力等方面提炼本经理期需要解决的主要森林经营问题（专栏3-18）。

专栏 3-18 偏城林场主要问题

一、森林景观格局不尽合理

林场内森林景观元素单调，大部分为演替阶段低的人工纯林，顶极群落面积小。林场的油松和侧柏人工针叶纯林斑块共计293块，面积1279.64公顷，占林场总面积的46.30%。栎类、油松为优势树种的针阔混交林或以栎类为优势树种的阔叶混交林是偏城林场地带性顶极群落，也是区域森林景观恢复的目标群落，但这类面积只占林场总面积的3.50%。

二、森林质量差

森林质量差影响了林场整体森林生态系统服务功能的发挥，具体体现在：

（1）树种单一，以油松和侧柏为主体。

（2）纯林多，混交林占比过低，针叶纯林占比过大。

（3）龄组结构不合理，林场大部分林分为中龄林。

（4）单位面积蓄积量低，林场平均单位面积蓄积量仅为 49.40 立方米/公顷，远低于全国平均水平。

（5）林分退化，林场部分侧柏受立地条件差、气候干旱等影响，出现枯死退化现象。

三、生态系统服务功能较弱

受森林质量差、立地条件不佳等影响，林场整体上生态系统服务功能较弱，难以满足水源涵养、土壤保持、康养与游憩等需求。林场位于邯郸市岳城水库上游，是邯郸人民生产、生活用水的重要水源涵养区和补水区，但水土流失问题还未完全解决，雨季水土流失还较严重。林场场部所在地，紧邻历史上一二九师的驻地，具有发展红色旅游和开展森林康养的独特优势，但是林场现有林分尚不能满足养眼、养身、养心、养性、养智的康养要求。

第四章

森林经营目标和指标

森林经营目标指森林经营期内开展森林经营后达到的预期成效。新型森林经营方案强调基于景观视角确定景观水平经营目标，其主要目的是借鉴森林景观恢复等国际先进理念，围绕提升森林生态系统服务功能的核心目标，对一定时期内森林经营单位森林景观恢复、生态修复、森林质量提升等森林经营管理活动做出的科学有序的安排，加快培育健康、稳定、优质、高效的森林生态系统，实现森林经营单位生态、社会、经济可持续发展。因此，确定以提升生态系统服务功能为核心的森林经营目标及其指标体系是新型森林经营方案编制关键环节。

一、经营目标确定依据

（一）法律法规依据

《中华人民共和国森林法》《中华人民共和国森林法实施条例》《国家级公益林管理办法》等法律法规集中了国家对森林资源经营管理的总体目标与具体要求，为森林经营活动规范开展提供了基本依据，森林经营方案编制和实施必须严格遵守。《中华人民共和国森林法》规定"国家以培育稳定、健康、优质、高效的森林生态系统为目标，对公益林和商品林实行分类经营管理，突出主导功能，发挥多种功能，实现森林资源永续利用""国家实行天然林全面保护制度，严格限制天然林采伐，加强天然林管护能力建设，保护和修复天然林资源，逐步提高天然林生态功能""国家对公益林实施严格保护。县级以上人民政府林业主管部门应当有计划地组织公益林经营者对公益林中生态功能低下的疏林、残次林等低质低效林，采取林分改造、森林抚育等措施，提高公益林的质量和生态保护功能""在符合公益林生态区位保护要求和不影响公益林生态功能的前提下，经科学论证，可以合理利用公益林林地资源和森林景观资源，适度开展林下经济、森林旅游等。利用公益林开展上述活动应当严格遵守国家有关规定""在保障生态安全的前提下，国家鼓励建设速生丰产、珍贵树种和大径级用材林，增加林木储备，保障木材供给安全""国家严格控制森林年采伐量"等，都是森林经营方案编制必须遵守的重要原则，以及确定森林经营任务和措施的参考依据。

（二）上位规划依据

　　各级森林经营规划、国民经济及林业发展规划和国土空间规划等上位规划是森林经营目标确定的重要依据。首先，我国建立形成了比较完善的森林可持续经营规划体系，国家层面编制战略性和指导性的国家森林经营规划纲要，省级和地市级层面制定区域性和指导性省、市级森林经营规划，县级层面编制控制性和实施性的县级森林经营规划，森林经营单位编制森林经营方案和森林经营年度作业设计，森林经营目标须符合国家森林经营规划纲要及省、地市和县各级森林经营规划。其次，新时代国土空间规划统筹布局生态、农业、城镇等功能空间，科学划定生态保护红线、永久基本农田、城镇开发边界等空间管控边界，在国家规划体系中具有基础性作用，森林经营方案的目标确定应与国土空间规划方向相符。另外，森林经营的重要目的是保障和促进生态、社会和经济的可持续协调发展，森林经营目标也应与各级国民经济及林业发展规划相符。

（三）相关区划依据

　　森林经营目标的确定应与已有的生态功能区划、公益林区划、林业发展区划、林种区划等相关区划相衔接。现有区划有误或与新时代发展要求不符的应及时与相关部门进行协调按程序进行区划调整。全国生态功能区划是根据区域生态系统格局、生态环境敏感性与生态系统服务功能空间分异规律，将全国划分为 242 个生态功能区，包括 148 个生态调节功能区、63 个产品提供功能区、31 个人居保障功能区。我国的森林划分为公益林和商品林，公益林特别是国家级公益林的经营管理以提高森林质量和生态系统服务功能为目标。我国采用三级分区体系完成的林业发展区划，共划分 10 个一级区、62 个二级区、501 个三级区。一级区划根据自然地理条件和林业发展现状进行区划，明确了不同区域林业发展的主体对象或发展战略方向；二级区划以区域生态需求、限制性自然条件和社会经济对林业发展的根本要求为依据进行主导功能区划；三级区划根据区域林业产品的差异进行了生态功能和生产力布局区划。因此，新型森林经营方案目标确定应充分考虑已有区划中生态功能和生产力布局区划结果，与相关功能定位及经营方向相适应。

二、经营目标确定原则

森林经营目标应从有利于生态、社会、经济的可持续发展，有利于森林生态系统服务功能提升，有利于维持生态系统稳定，有利于促进森林质量提升，与森林经营单位经营能力及森林资源现状相符等方面考虑。

（一）有利于生态、社会、经济的可持续发展

森林经营目标的确定必须基于长时间周期考虑，短期、中期和长期目标综合考虑，既能满足当代人的需要，又不对后代人满足其需要的能力构成危害，维持和促进生态、社会、经济的可持续发展。

（二）有利于森林生态系统服务功能提升

提升森林生态系统服务功能是新时代国有林场森林经营的重点任务，森林经营目标的确定应立足于国有林场新定位，优先考虑森林生态系统服务功能提升。

（三）有利于维持生态系统稳定性

生态系统的结构决定其功能，稳定的生态系统是森林生态系统服务功能持续发挥的基础。森林经营目标的确定应有利于生态系统结构的完善，有利于维持生态系统稳定性。

（四）有利于促进森林质量提升

着力提高森林质量是维护国家生态安全的迫切需要、促进经济社会可持续发展的必然要求，也是应对气候变化的战略选择。新时代森林经营目标的确定应与国家战略要求保持一致。

（五）与森林经营单位经营能力及森林资源现状相符

经营目标的确定必须基于现状条件，与森林经营单位经营能力及森林资源现状相符，具有可操作性、可实现性。

三、经营目标分类

（一）按生态系统服务功能分类

参考联合国千年评估框架以及中外学者的研究成果，森林经营目标分为支持服务、调节服务、供给服务、文化和社会服务四种类型。

新型森林经营方案的核心目标是提升森林生态系统的服务功能，经营目标和指标体系应能准确度量森林生态系统服务的多种功能，较灵敏反映森林生态系统服务功能的年度变化，并且还能采用一定技术方法监测评估。生态系统服务是人们从生态系统中获得的惠益，生态系统服务是将生态系统视为自然资本存量，它为人类社会提供一系列福利、健康、生计和生存至关重要的产品。参照联合国千年评估框架以及相关中外学者（Costanza，1997）的研究成果，从生态系统支持服务、调节服务、供应服务、社会和文化服务，确定森林生态系统服务功能相关的指标体系。

1. 支持服务

指支持生命的自然环境条件等，对生态系统起支撑作用，如养分循环、土壤形成、初级生产力等。支持服务属于生态系统的基础支撑，只体现在生态系统内部，不直接形成生态服务。为避免重复计算，支持服务不参与生态系统服务功能测算，但考虑到初级生产力等支持服务直接积累了生态资产，仍然作为森林服务功能和森林经营目标的一部分，明确作为森林经营方案的指标体系。

2. 调节服务

是指人类间接从生态系统中获得的惠益，主要是对人类生存及生活质量有贡献的生态系统服务功能，如调节气候、涵养水源、保持水土、防风固沙及生物多样性保护等。

3. 供给服务

是指人类直接从生态系统中获得的惠益，主要是生态系统产品，如食品、原材料、能源等。

4. 社会和文化服务

是指生态系统提供的文化和欣赏价值，是人类文化娱乐的源泉。

（二）按重要程度分类

森林具有多种功能。从利用的角度，森林多种功能的重要性不尽相同，存在一种或几种主导功能，这些功能之间关系非常复杂，很多是对立统一的关系，森林经营不可能同时针对每种功能制定合理的经营措施，森林经营目标也不可能同时考虑所有功能。因此，需要按重要程度进行分类，将重要程度最高的功能划分为主要经营目标；森林经营方案编制重点针对主要经营目标制定森林经营措施。新型森林经营方案编制按重要程度确定森林经营主要目标和次要目标（特殊经营目标）。

（三）经营目标案例

新型森林经营方案编制要求根据经营单位的生态区位、经营需求、森林资源特征、发展定位等，围绕主要生态系统服务需求确定经营目标。主要经营目标原则上确定 1 个，次要经营目标可确定 2~3 个。国有林场 GEF 项目初期选定的 7 个国有林场试点单位在系统分析和研究的基础上，按经营目标确定的原则和方法，围绕新时代国有林场的主要功能和定位，分别确定不同类型的经营目标。

（1）贵州省织金县桂花国有林场的主要经营目标为提升森林康养游憩能力，次要经营目标为提升水源涵养和土壤保持能力（专栏4–1）。

（2）贵州省毕节市拱拢坪林场的主要经营目标为提升土壤保持能力，次要经营目标为提升森林康养游憩和水源涵养能力（专栏4–2）。

（3）河北省丰宁县草原林场的主要经营目标为提升防风固沙能力，次要经营目标为提升森林康养游憩和水源涵养能力（专栏4–3）。

（4）河北省平泉市黄土梁子林场的主要经营目标为提升水源涵养和土壤保

持能力，次要经营目标为提升森林康养、林下食用菌培育、良种选育、山地大苗生产等能力（专栏4-4）。

（5）河北省木兰林场的主要经营目标为提升水源涵养和防风固沙能力，次要经营目标为提升木材生产、种苗生产、生态系统保护等能力（专栏4-5）。

（6）江西省安远县安子崀林场的主要经营目标为提升水源涵养和土壤保持能力，次要经营目标为提升生态果园建设示范、康养游憩、固碳释氧能力（专栏4-6）。

（7）江西省信丰县金盆山林场的主要经营目标为保护生物多样性，次要经营目标为提升木材储备和水源涵养能力（专栏4-7）。

专栏4-1　贵州省织金县桂花国有林场森林经营目标

一、生态区位

桂花国有林场地处乌江上游支流六中河与三岔河交汇处，生态区位十分重要，是乌江上游重要的水源涵养区。林场周边区域是水土流失高值区，受人口密度大、降雨量大且集中、人为破坏等原因，水土流失十分严重，长期的水土流失造成区域石漠化严重，林场也面临水土流失和石漠化的潜在威胁。林场位于织金县城周边，林场平均距离县城仅为5千米，织金县城距省城贵阳157千米、地级市毕节市144千米，有高速公路相连，县城居民10分钟可到达林场，省城和毕节市居民在2小时内可到达林场，林场交通十分便捷。

二、森林资源

当前林场的乔木林单位面积蓄积量达128.5立方米/公顷，与周边森林相比，林场森林质量相对较好，但林场森林与森林康养游憩的需求还有较大差距，主要体现为以下几个方面：一是树种单一，结构简单，主要树种为华山松、马尾松、云南松和柳杉等人工针叶树，阔叶树占比较少，大部分林分为单层纯林；二是存在较大面积低产低效林人工纯林，部分多代经营的杉木纯林急需改造提升；三是现有林分可进入性差，景观效果差。

三、社会需求

桂花国有林场所在地织金县面积2868平方千米，总人口136.40万人，其中县城近 202 万人，人口密度大，居民对生态休闲和康养的需求巨大。随着社会经济的不断发展，人们对森林生态休闲和康养等生态服务需求不断增长，林场是织金县城最近最好的生态休闲、森林康养场所，人们对森林生态休闲和康养等生态系统服务需求不断增长。

四、经营需求

林场自然气候、土壤等条件十分优良，经营期采取科学合理经营，可在较短时期内改善树种结构，进一步快速提高森林质量，满足森林康养游憩等需求，主要经营方向和措施有以下几个方面：一是对过纯、过密的人工林，采取适度疏伐、林下补植珍贵阔叶树种、促进更新层和下木层生长等措施，增强森林自然度，加快森林生长；二是对本地杉等低产林，适度采伐后更换本地乡土树种，应与国家生态修复项目衔接，充分利用国家和地方现有生态修复政策；三是按照养眼、养身、养心、养性、养智的康养要求，适度改造森林林相，增加彩色、多酚树种，适当增加设施，快速提升林场森林康养能力；四是围绕康养需求，充分利用森林环境和林下空间，科学发展药材、食材等种养殖业。

因此，综合分析可知，林场主要经营目标应是提升森林康养游憩能力，特殊经营目标应为提升水源涵养和土壤保持能力。

专栏 4-2　贵州省毕节市拱拢坪国有林场森林经营目标

一、生态区位

拱拢坪国有林场位于毕节市七星关区，处于我国西南部云贵高原向东部低山倾斜的斜坡地带，是我国西南云贵高原石漠化最严重的区域之一，区域石漠化面积占国土总面积的 26.45%，区域内地质错综复杂，背斜成山，向斜成河，具有山高谷深、坡陡流急、地形破碎、起伏急剧并兼有岩溶发育的地貌景观。解放初期，七星关区森林覆盖率达 50.00% 以上。在"大跃进""农业学大寨"和"家庭联产承包责任制"等社会背景下，森林砍伐严重，加上区内人口剧增，过度开垦使森林覆盖率一度降至 5.00%，导致区域内水土流失十分严重，大面积土地石漠化，自然灾害频频发生，给人民群众的生命财产安全造成了严重影响。近几十年来，区域内相继实施了长江中上游防护林体系建设、天然林资源保护、退耕还林、三江源生态建设、农业综合开发、石漠化综合治理等工程，生态建设取得了显著成效，区域水土流失、石漠化得到有效遏制，拱拢坪国有林场作为区域内水土流失和石漠化治理的示范区，经过几十年的建设，当前林场森林覆盖率达 92.80%。虽然当前林场森林覆盖率高，但林场周边区域是水土流失高值区，受人口密度大、降雨量大且集中等影响，水土流失十分严重，林场也仍面临水土流失和石漠化的潜在威胁，必须进一步巩固生态建设成果。

二、森林资源

当前林场乔木林面积占总面积的 91.30%，乔木林单位面积蓄积量达 118.1 立方米/公顷，与周边森林相比，林场森林质量相对较好，但林场森林质量与林场具备自然条件应培育的理想森林、与区域生态建设需求相比，还有较大的差距。主要体现为以下几个方面：一是人工针叶纯林面积占比大，占乔木林地面积的 49.00%；二是树种结构不合理，华山松、云南松等外来树种占比大，占比分别为 45%、8%，栎类等乡土树种占比过小；三是存在部分严重低质低效的云南松人工林；四是龄组结构不合理，成过熟林偏多。

三、经营需求

拱拢坪国有林场雨量充沛、气候温和，但海拔相对较高，必须根据其自然条件，尊重自然规律，进行科学经营。经营期内，主要经营方向分为四个方面：一是改善森林结构、提高森林质量，提升保水保土能力；二是依托现有森林公园较为完善的基础设施和较好的森林资源，提供森林休闲服务和生态康养生态服务；三是依托现有的自然保护区，定位于生物多样性保护；四是充分利用现有的研究条件，在森林质量提升和生态修复方面选择部分典型区域作为科学研究基地。

因此，经综合分析可知，林场主要经营目标应是提升土壤保持能力，特殊经营目标应为提升康养游憩和水源涵养能力。

专栏 4-3　河北省丰宁县草原林场森林经营目标

草原林场地处内蒙古高原南缘河北省丰宁满族自治县境内，东部与围场县交界，北部与内蒙古多伦县相接，西部与平安堡镇毗邻，南部与苏家店乡交界。草原林场位于滦河源头，是北京、天津、河北重要的水源涵养区，也是内蒙古风沙南侵京津冀区域的重要通道，生态环境脆弱，生态区位十分重要。当前林场主要植被为 3 万亩左右落叶松林，3 万亩左右榆树疏林和部分天然桦树林。现有森林质量整体较低，急需提高。另外，林场内尚有几千亩流动沙丘和 2 万亩沙化草场，需要尽快修复。

另外，草原林场地理位置优越，具有独特的稀树草原景观，号称中国版"非洲稀树草原"；具有独特坝上湿地景观，可观赏性强；文化底蕴深厚，具有特有满族民俗风情；周边景观资源多；距离北京约 160 千米，只有 3 个小时车程，有充足的潜在客源。

从生态区位、林场森林资源现状等综合分析，经营期内林场森林经营的主要经营目标应是提升林草植被防风固沙能力，次要经营目标为提升水源涵养和森林游憩能力。

专栏 4-4　河北省平泉市黄土梁子林场森林经营目标

黄土梁子林场地处河北承德平泉市东北部，林场所在区域是浑河发源地之一，也是我国东部的重要水源涵养区之一。黄土梁子林场为新中国成立后人工造林形成的林场，由于历史上长期乱砍乱伐，建场时辖区内只有500 亩天然残次林，森林覆盖率仅为 0.60%，经过几十年的建设，生态建设取得较大成就，当前森林覆盖率达到 71.00%。但当前林场森林质量还是普遍不高，单位面积蓄积量不到 50 立方米 / 公顷，且树种单一，大都为单层纯林，林下地被物稀疏，土壤肥力较差，森林涵养水源能力较差。林场地貌以中低山和丘陵为主，大部分地块土壤深厚。林场平均降水量仅为 540毫米左右，但降水量集中，受森林质量较差、林下地被物稀疏等影响，区域沟峪纵横，土壤受侵蚀十分严重。

黄土梁子林场内设省级森林公园一个，公园总面积 393.2 公顷，园内生物资源十分丰富，气候凉爽、林密如海、峰崖葱茏，景观类型多样，景色别具一格，主要有油松林海、落叶松林海、山杏林海、杜鹃花景观、锁龙井、镇龙石、砚台石、卧虎石、朝阳峰等景点，是一座原生态的"天然氧吧"和"动植物基因库"。

黄土梁子林场在林下食用菌培育方面具有丰富的经验和成熟的技术，近十几年来，通过与相关高等院校和科研院所合作，林下食用培菌培育取得了一系列成果，林场的食用菌培育项目被河北省科技厅列为示范推广项目，相关成果获得发明专利 4 项和河北省科技进步奖二等奖。当前林下食用培菌培育已成为林场和周边社区的一个重要产业。国有林场改革后，虽然林场改为财政拨款公益一类事业单位，可以不考虑经济收益，但周边社区的林下食用培菌培育产业主要由林场给予技术和原料支撑，周边社区林下食用培菌培育的原料大部分来源于林场刺槐等。为保持区域经济可持续发展，经营期内宜将林下食用菌培育作为特殊目标之一。

黄土梁子林场良种基地建设基础好，2012 年开始营建省级刺槐良种基地，是河北省首家刺槐良种基地，2017 年晋升为第三批国家重点林木良种基地。基地总规模达到 76.6 公顷，可年产刺槐良种 0.6 万千克。

黄土梁子林场 2015 年建立了大苗生产基地，近几年来，共培育出干型通直圆满、冠型好、树高在 1~6 米的园林绿化油松苗木 60 万余株，同时培育了具有较高观赏价值的异形松 2000 余株，在山地大苗培育方面具有良好的基础。

因此，经营期内，林场主要森林经营目标应是土壤保持和水源涵养能力提升，次要经营目标可定为提升森林康养、林下食用菌培育、良种选育、山地大苗生产等能力。

专栏 4-5 河北省木兰林场森林经营目标

木兰林场是"潘家口水库"的水源涵养地和滦河主要发源地,是京津冀重要水源涵养区和补水区,也是北京地区的上风区和影响北京生态环境质量主要的风沙进京通道之一,是浑善达克沙地沙漠化防治功能区,是阻挡浑善达克沙地南侵的首要生态屏障,是京津冀协同发展的生态环境支撑区,生态区位十分重要。从区位和森林资源现状分析,提升水源涵养和防风固沙能力应是经营期森林经营的主要目标。

木兰围场作为清代皇家猎苑,拥有浓厚的"木兰秋狝"文化,当时林木葱郁,水草茂盛,森林质量较高,虽然当前森林质量整体相对较低,但经营区内立地、气候等环境相对较好,相对周边区域更适宜培育森林资源,具备培育大径材等高质量林分的自然基础条件。另外,林场技术力量雄厚,从 2010 年开始引进国内外专家开展探索森林可持续经营,总结出一套"以近自然育林理念为指导、以目标树经营为架构、以流域经营为推进"的经营技术体系,并在林场全面应用和实施,且与中国林业科学研究院等技术单位形成了长期稳定的合作关系,在森林经营方面积累了较为丰富的经验,经营水平相对较高,具备精细化、高水平开展森林经营的技术条件。因此,考虑国家储备林发展战略和区域森林可持续经营示范,将木材生产作为林场可持续发展的重要经营目标,在保护好生态环境的前提下,生产优质大径材。

种苗培育一直是林场重要收入来源之一,前几年每年种苗收入达到近亿元,上期经营方案中规划绿化苗木基地和苗材兼用林近 13000 公顷。林场地处京津北部,气温较低,因而生产的苗木在京津冀地区适应性很高,便于成活,因此市场前景较好。同时,所在区域正实施河北张家口市及承德坝上植树造林等重大生态修复项目,对种苗有较大的需求。种苗培育是国有林场不可或缺的职能之一,通过生产种苗发挥资源优势,发掘潜在资产,在培育好资源的同时为国家创造更多的价值,同时带动周边百姓致富,加速森林经营可持续发展进程。因此，无论从资源培育的角度还是社会经济可持续发展需求的角度，种苗生产作为林场的次要经营目标之一。

此外，林场内还设有自然保护区 1 个，区内植被和生态系统具有较高保护价值，必须加强保护。

因此，综合考虑林场生态区位、经营需求、森林资源特征和可持续发展等，主要经营目标为提升水源涵养和防风固沙能力，次要经营目标为提升木材生产、种苗生产和生态系统保护能力。

专栏 4-6　江西省安远县安子崀林场森林经营目标

一、生态区位

安子崀林场位于安远县城中西部，位于珠江水系东江发源地和赣江支流贡江的源头区。东江之水是港澳饮用水的水源。林场经营区也是安远县饮用水源的主要集水区，是珠江和赣江的重要水源涵养区，生态区位十分重要。林场在县城周边设立东江源森林公园，林地面积 1566 亩，按照"一季一景"、自然、生态、环保、休闲、健康等为主要元素的时尚生活理念，将该区域进行了整体生态修复，初步建成集市民休闲、健身于一体的城市森林公园。

二、森林资源

区域气候条件适宜林木生长，当前林场乔木林的单位面积蓄积量低于60 立方米/公顷，乔木用材林的单位面积蓄积量也仅为 62 立方米/公顷，乔木用材林中，近成过熟林的单位面积蓄积量仅为 51 立方米/公顷，林场林分质量整体较差，但林地生产力与固碳释氧等功能提升潜力巨大。

三、经营需求

林场所在区域年均降水量达 1700 毫米，4～6 月林场的林地有水土流失现象，需要加强水土保持相关工作。林场所在县安远县是革命老区，地处偏远、交通不便，以前经济十分落后，是国家级贫困县，2019 年才脱贫摘帽。安远县脱贫的重要途径是发展脐橙产业，现在安远的脐橙种植规模达30多万亩，脐橙产业已经成为安远县的支柱产业。但近几年来，因黄龙病的爆发，安远县大面积的脐橙被损毁，黄龙病成为制约脐橙产业发展的重要因素，安子崀林场内也有几千亩因黄龙病损毁的脐橙林。近几年，安子崀林场通过建设生态隔离林带等方法，在防治脐橙黄龙病方面积累了丰富的经验。

从需求方面来看，首先是快速提升森林质量，提升森林水源涵养和土壤保持能力，保障饮用水源的安全；其次是针对脐橙园，通过隔离带建设，实现生态防治黄龙病，实现脐橙的可持续经营，为周边脐橙林的生产经营提供示范；最后是进一步提升森林公园的景观质量，满足县城居民生态休闲的需要。

因此，林场的主要经营目标为提升水源涵养和土壤保持能力，次要经营目标为提升生态果园建设示范、康养游憩、固碳释氧等能力。

专栏4-7　江西省信丰县金盆山林场森林经营目标

一、生态区位

金盆山林场位于南岭山脉东部，九连山和武夷山脉的过渡地带，是南岭山地生态系统完整性不可缺少的重要组成部分。林场位于赣江水系贡江干流桃江支流流域，是赣江重要的水源涵养区。林场内5.4万亩公益林主要分布在坪石分场的水土流失区、江西金盆山国家森林公园、信丰金盆山自然保护区以及信丰县龙井水库饮用水源一级保护区周边。

二、森林资源

林场位于南岭山脉东部，地貌以山地为主，立地条件较好，非常适宜杉木、毛竹、楮栲类阔叶树生长，当前林场乔木林的平均单位面积蓄积量达141.80立方米/公顷，达到江西省平均水平的1.40倍，为全国平均水平的1.10倍。人工杉木林的平均单位面积蓄积量为104.00立方米/公顷，人工杉木近熟林的平均单位面积蓄积量为 130.00 立方米/公顷，人工杉木成过熟林的平均单位面积蓄积量 180.00 立方米/公顷，硬叶阔叶混交林的平均单位面积蓄积量 198.00 立方米/公顷，混交林近熟林的平均单位面积蓄积量 168.00 立方米/公顷，混交林成过熟林的平均单位面积蓄积量 186.00 立方米/公顷。近成过熟林单位面积蓄积量高这说明林场自然条件好，具备培育高质量林分的基础条件；另外，因自然保护区的建立等多种原因，林场内保存的近 5.30 万亩结构良好的天然阔叶林，为典型中亚热带低海拔常绿阔叶林生态系统，被称为"中亚热带低海拔天然阔叶林最后的绝唱"，这说明林场在生态系统、生物多样性等方面具备重要保护价值。

三、经营需求

林场内生物多样性十分丰富，珍稀濒危或国家重点保护野生动植物种类众多，具有典型中亚热带低海拔常绿阔叶林生态系统，具备重要保护价值，需要严格保护。坪石分场的林分大部分低质低效，立地条件差，水土流失严重，需要从森林质量提升、景观修复的角度，科学经营，提升森林质量，改善森林景观。另外，林场中只有部分人员纳入事业编制，还需要自筹经费维持林场经营，对杉木人工商品林可持续生产木材仍有强烈的需求，林场现有的竹林、脐橙、油茶等也需要加强管理，科学经营，确保持续产生经济效益。

从生态区位、森林资源和经营需求等分析，金盆山林场森林经营的主要经营目标应是生物多样性保护，次要经营目标为木材储备、水源涵养。

四、经营目标指标体系

（一）经营目标指标确定原则和方法

1. 可行性

符合现有经营管理水平、资源现状等。

2. 超前性

在现有水平上应有提高，向战略目标的方向靠近。

3. 数量化

目标指标尽可能数量化。

4. 全面性

体现经营的各个方面。

（二）经营目标的参考指标

每个经营目标可用 1 个或多个指标来衡量，指标分为约束性和选择性两种类型（表 4-1、表 4-2）。

表 4-1　国有林场新型森林经营方案目标参考指标

服务	目标	指标	单位	指标类型	定义或涵义
支持服务	初级生产力	森林覆盖率	%	约束性	[（乔木林面积＋特殊灌木林面积）/土地总面积］×100%
		单位面积蓄积量	立方米/公顷	约束性	乔木林蓄积量/乔木林总面积
		植被综合盖度	%	约束性	某一区域各主要灌草地类型的植被盖度与其所占面积比重的加权平均值
	生态系统结构	老龄林比重	%	选择性	老龄林（成熟林、过熟林）面积占乔木面积的比例
		乔木林比重	%	选择性	乔木林面积/林场经营面积×100%
		自然度指数		选择性	乔木林各斑块的自然度加权平均数
	养分固持	土壤肥力	毫克/千克	选择性	森林土壤对养分的吸收和保蓄能力，主要是对有效氮、磷、钾的含量
	物种多样性	动物多样性指数		选择性	可选择香浓-威纳指数、辛普森指数等表示

续表

服务	目标	指标	单位	指标类型	定义或涵义
支持服务	物种多样性	植物多样性指数		选择性	可选择香浓–威纳指数、辛普森指数、均匀度指数、丰富度指数等表示
	珍稀物种栖息地质量	景观破碎度指数		选择性	栖息地被分割的破碎程度，反映景观空间结构的复杂性，在一定程度上反映了人类对景观的干扰程度
		生境面积	公顷	选择性	国家、地方保护珍稀濒危物种栖息地及生境总面积
		保护林比重	%	选择性	[（自然保护地森林面积＋其他生态保护红线内森林面积）/乔木林总面积]×100%
调节服务	水文调节	水源涵养量	毫米或立方米/（公顷·年）	选择性	森林、灌木、草地涵养水源功能的平均值，用地表径流深或蓄水能力表示
		混交林比重	%	约束性	混交林面积/乔木林总面积×100%
		合理郁闭度林分面积比重	%	约束性	郁闭度0.5~0.7的乔木林面积/乔木林面积×100%
	土壤保持	森林植被固土量	立方米/（公顷·年）	选择性	森林和灌木林保持水土功能的平均值，用土壤侵蚀模数表示
		森林保肥量	毫克/（千克·年）	选择性	森林土壤中有效氮、磷、钾含量的年度增加量
		群落结构（复层林比例）	%	选择性	（具有主、副林层的乔木林面积/乔木林总面积）×100%
		枯落物厚度	毫米	选择性	森林植被下矿质土壤表面形成的有机物质层，又称死地被物层。包括未分解的凋落物和已分解的有机物质层次

续表

服务	目标	指标	单位	指标类型	定义或涵义
调节服务	防风固沙	林冠郁闭度		选择性	森林中乔木树冠在阳光直射下在地面的总投影面积（冠幅）与此林地（林分）总面积的比
		防风固沙植被面积	公顷	选择性	符合基本的防风固沙功能的各类植被的面积大小
		防风固沙植被覆盖度	%	选择性	防风固沙植被覆盖面积占土地总面积之比，一般用百分数表示
		裸沙覆盖面积比	%	选择性	林场内裸土、沙漠、沙地面积之和占林场总面积的百分比
	有害生物防治	森林健康度		选择性	乔木林各斑块的健康度加权平均数
		有害生物成灾率	%	选择性	有害生物危害达到灾害等级以上的森林面积与总森林面积之比
		生态隔离林带面积	公顷	选择性	用于生态隔离林带作用的面积
		生态隔离林带结构		选择性	在生态隔离林带中，林冠层、林下矮小灌木和草本植物的复杂程度
	固碳释氧	地上生物量	千克/平方米	约束性	森林植被地上部分某一时刻单位面积积累的有机物质（干重）总量，通常包括乔木、灌木和草本等，是评价森林生态系统结构和功能的重要指标
		植被指数		选择性	利用卫星不同波段探测数据组合而成的，能反映植物生长状况的指数

续表

服务	目标	指标	单位	指标类型	定义或涵义
供给服务	木质产品	森林蓄积年生长量	立方米/（公顷·年）	约束性	单位面积乔木林的蓄积年平均生长量
		珍贵树种生长量比重	%	选择性	单位面积乔木林蓄积年平均生长量中珍贵树种蓄积比重
		优质大径级材生长量比重	%	选择性	单位面积乔木林蓄积年平均生长量中优质高价值的大径材比重
		珍贵树种林分面积增长量	公顷	选择性	珍贵树种1成以上林分面积增加量，珍贵树种认定按《中国主要栽培珍贵树种参考名录（2017年版）》
		乔木林总蓄积量	立方米	约束性	乔木林总蓄积量
		珍贵树种蓄积量	立方米	选择性	珍贵树种林木总蓄积量
		大径级材蓄积量	立方米	选择性	优质大径级材林木蓄积量
	非木质林产品	苗木生产基地面积	公顷	选择性	专门用于生产苗木的林分或林地面积
		其他非木质林产品生产面积	公顷	选择性	生产种子、菌、菜、药等其他林副产品的林分面积
		其他非木质林产品产量	千克/年万株/年	选择性	每年林副产品产量（干或鲜重）
		生态型经济林产品产量	千克/（公顷·年）	选择性	单位面积生态型经济林产品年产量
		生态型经济林面积比重	%	选择性	（生态型经济林/经济林总面积）×100%
文化和社会服务	文化旅游	森林游憩人次	人次/年	选择性	年度接待森林休闲、体验、旅游、自然教育和康养等服务的总人数
		康养林面积	公顷	选择性	符合国家森林康养相关标准的森林面积
		森林游憩基础设施数量	公顷/千米或公顷等	选择性	步道单位面积长度、森林浴场面积或单位面积观景台个数等森林游憩基础设施数量

续表

服务	目标	指标	单位	指标类型	定义或涵义
文化和社会服务	文化旅游	森林空气负氧离子浓度	个/立方厘米	约束性	单位体积空气中的平均负离子数
	劳动就业	劳动就业机会	工日	选择性	因森林经营、休闲康养服务等可为社会提供的总用工量
		用工报酬	元/人工日	选择性	因森林经营、休闲康养服务等用工单位工时支付的平均劳动报酬值
	科技进步	科技项目	个	选择性	因森林经营立项开展科技项目的个数
		科研经费	元	选择性	因森林经营立项开展的科技项目的资金投入量
	审美价值	景观丰富度指数		选择性	在一定程度上反映资源的价值

表4-2　木兰围场国有林场经营目标指标

目标分类	具体功能目标项	评价指标	单位	当前值	目标值
主要目标	水源涵养	水源涵养量变化	亿立方米/年	1.77	1.82
		乔木林面积	万公顷	9.64	9.76
		森林覆盖率	%	91.1	92.0
		混交林比重	%	60.3	60.9
		合理郁闭度林分面积比重	%	60.2	66.8
		复层林面积	万公顷	1.16	1.39
	木材储备	活立木蓄积量	万立方米	818.3	1312.9
		单位公顷蓄积量	公顷	84.6	124.5
		蓄积年生长量	立方米/（公顷·年）	4.6	6.7
		森林覆盖率	%	91.1	92.0
		优质大径材林面积比例	%	6.4	6.4

续表

目标分类	具体功能目标项	评价指标	单位	当前值	目标值
主要目标	木材储备	平均林龄	年	38	46
		珍贵用材林树种面积比例	%	2.9	3.3
		重点培育树种数量	种	9	13
		平均胸径	厘米	13.8	15.8
次要目标	种苗培育	绿化苗木基地面积	公顷	1555	1555
		兼顾苗木生产面积	公顷	6630	6630
	生物多性保护保护	保护区面积	公顷	29778	29778
	生态旅游	景观林面积	公顷	5351	5351
	劳动就业	提供就业岗位数量	万人次／年	28.4	23.6

第五章

森林功能区划与森林景观恢复

　　森林功能区是根据森林资源的主导功能、生态区位、利用方向等，采用系统分析或分类方法，将经营区的森林区划为若干个具有不同功能的区域，实行分区经营和管理，从整体上发挥森林多功能特性的方法或过程。新型森林经营方案编制沿用主体功能区划的方法，要求以国土空间规划三区三线、林业区划等上位规划区划和以景观分析成果为基础，突出生态服务功能，以小班为基本单元进行区划，并明确不同功能区的主要经营方向和经营约束条件。

　　森林景观恢复和优化要求对接区域国土空间规划等相关规划和成果，从景观尺度考虑森林生态系统服务功能的提升和生态系统完整性的恢复，调整优化土地利用结构，明确森林恢复途径、森林经营方向、森林保护关键区域和生态廊道，形成生态系统服务价值最佳的景观格局。重点要从加速森林演替的角度确定恢复和优化目标，设计恢复和优化方案。

一、功能区划原则

（一）突出主导因素原则

　　突出森林经营的主导因子，考虑各区域森林生长、分布、经营方向和经营水平的程度不同，分清主次，根据森林的立地条件、功能需求找出主导因素。

（二）生态优先原则

　　优先考虑区域主导生态系统服务功能，具有多种生态系统服务功能时应优先考虑调节服务功能。

（三）区域相关原则

　　在区划过程中，综合考虑划定区域与周边区域，与整个森林经营单位，甚至整个流域或地区间的生态功能的互补关系，要从景观水平分析和确定划定区域的主导因素。

（四）差异性原则

将地理空间划分为不同的功能区，功能区内主导功能、经营目标基本保持最大程度相似性，功能区之间具有明显差异。

（五）协调性原则

要与公益林区划、林种区划、自然保护地区划等已经形成的森林资源保护和管理空间格局区划相衔接。

二、功能区划方法和要求

（一）区划单位

以小班为基本单元进行功能区划。

功能区划的主要目的是对森林或林地实行分区经营和管理，小班是我国当前森林经营和管理的基本单元，森林经营任务安排和经营作业原则上要求以小班为基本单元。因此，新型森林经营方案编制的功能区划采用小班为基本单元开展。

（二）主导因子

生态区位、资源现状、社会需求等自然和社会因子的综合作用决定森林的主导功能，影响森林主导功能的因子众多，可采用德尔菲法、专家经验法、主成分法、判别分析法、聚类分析法、层次分析法等定性和定量方法综合确定主导因子。

公益林区划、林种区划、保护区区划等已有区划已在一定程度上考虑了森林的生态区位和社会需求等因素。首先应将森林类别、林种等纳入功能区划的主导因子；另外，地理区位、森林类型和经营目标等因子直接影响森林生态服务功能。因此，新型经营方案编制的功能区划主导因子重点考虑森林类别、林种等已有林业区划因子，以及地理区位、景观元素类型和经营目标等与森林生态系统服务功能相关较强的因子。

（三）基本要求

新型森林经营方案的功能区划应紧紧围绕经营目标，以国土空间规划三区三线、林业区划等上位规划为依据，以景观分析成果为基础，原则上以小班为基本单元进行，通过定性和定量分析，确定主导因子，把森林经营区划分为若干个主导功能基本相同的区域，并明确不同区域的主要经营方向和经营约束条件。

三、功能区划案例分析

（一）河北省涉县偏城林场功能区划

河北省涉县偏城林场主要经营目标为水源涵养，次要经营目标为康养游憩和土壤保持，综合考虑林场立地分类、森林景观特性和社会需求，以小班为分区基本单元，将全场划分为3个功能区（图5–1）。

（1）水源涵养区：该功能区为主导功能区，是林场本期经营的主要目标。面积共2494.58公顷，占总面积的90.3%。以涵养水源、防止水土流失、提高生物多样性为主要目的，在全面提升水源涵养功能的基础上进行生态景观的优化提高。

（2）多样性保护区：面积147.76公顷，占总面积的5.40%。发展方向主要为生物多样性保护，以涵养水源、水土保持、维护森林生态系统稳定与平衡为主要目的。

（3）康养游憩区：面积119.94公顷，占总面积的4.3%。发展方向主要为森林康养游憩。该功能区主体位于涉县清漳河国家湿地公园和佰泉渔村湿地公园东面，临近主城区；同时，结合嵌入在以上两个功能区中的特色经济林和草地的开发和保护，功能区面积虽然小，但景观元素多样，使森林生态系统文化服务功能得到最大化提升。

图 5-1 河北涉县偏城林场功能区划

（二）河北省木兰围场国有林场功能区划

以所处的生态功能区为基础，以生态优先、因地制宜、多功能并进为原则，在现有森林资源调查数据和立地因子空间数据基础上，采用定性和定量相结合的方法，利用 GIS 的空间分析功能，以小班为基本单元，结合木兰林场森林经营的水源涵养和防风固沙、木材生产、优质种苗培育 3 个主要目标和森林生态系统保护、生态旅游等特殊目标，对木兰林场的森林资源进行功能区划，区划为水源涵养和防风固沙、木材生产、种苗培育三个功能区（图 5-2、表 5-1）。

区划过程中充分考虑了现有自然保护区、生态保护红线、国家森林公园、国家级公益林、防护林、天然林保护区、非宜林地等生态脆弱区和重点集水区布局，做到统筹衔接、方便执行。水源涵养和防风固沙区分布基本与范围内生态重要性和生态敏感性等级较高的区域保持一致，生态重要性的高等级区域主要与林场西北部区域的自然保护区重叠，生态敏感性的脆弱区和亚脆弱区也集中分布在木兰林场西北部区域。木材生产区和种苗培育区基本上生态重要性一般或较低，生态敏感性主要为亚稳定和稳定。

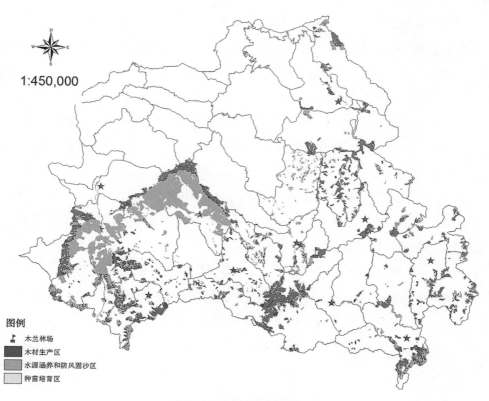

图例
- 木兰林场
- 木材生产区
- 水源涵养和防风固沙区
- 种苗培育区

图 5-2　木兰林场功能分区

表 5-1　木兰林场功能区面积统计

统计项	合计	水源涵养区	木材生产区	种苗培育区
面积（公顷）	106071	88624	15867	1580
比例（%）	100	83.5	15.0	1.5

（三）河北省黄土梁子林场功能区划

以黄土梁子林场内分布的所有森林为区划对象，从森林经营目标出发，将森林功能基本相同、地域相连的小班划为同一个功能区或经营区，区域内的经营活动与经营目标相匹配。

以黄土梁子林场森林资源二类调查的土地利用现状图、林相图作为空间信息提取的基本图件，以小班调查因子数据为主要属性数据信息，利用地理信息系统软件 Arcgis 进行功能分区，采用定性分区和定量分区相结合的方法，边界的确定考虑自然特征与现有林业区划边界相一致，利用其统计功能，计算各类因子数据。功能分区如图 5-3，各功能区面积统计见表 5-2。

（1）森林公园游憩林区：以河北省龙潭山森林公园为基础，总面积 401.70 公顷，公园内森林覆盖率 91.40%，包括云龙林海景区和石林景区。该区域森林经营主导功能是提高森林景观效果，同时发挥森林生态系统水土保持功能，为森林康养产业发展奠定基础。

（2）水土保持功能修复区：该区域在林场面积最大、分布最广，总面积达 12419.92 公顷，主要以华北落叶松、油松和刺槐林为主。该功能区以改善林分树种和林层结构，提高水土保持功能为主导，兼有木材生产。

（3）种质资源培育区：区域面积 240.64 公顷，主要由山地油松大苗和刺槐种子园两部分构成。该功能区主要任务是通过密度调控和修枝整形，培育油松绿化大苗，通过建立刺槐种质资源收集保存区、种子园区、子代测定林、母树林，选育出优良无性系，生产刺槐良种。

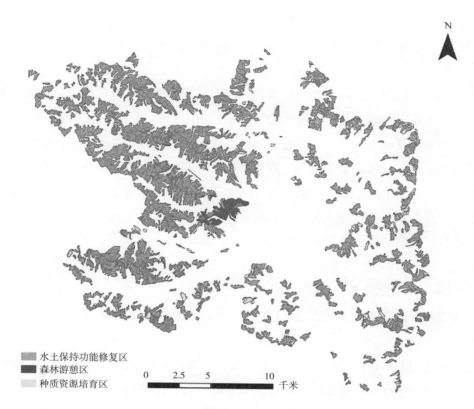

图 5-3　黄土梁子林场功能分区

表 5-2　森林功能区面积、蓄积量统计

功能分区	面积（公顷）	占比（%）	蓄积量（立方米）	占比（%）
总计	13062.27	100	596495.10	100
森林游憩区	401.71	3.08	15505.50	2.60
水土保持功能修复区	12419.92	95.08	578746.1	97.02
种质资源培育区	240.64	1.84	2243.5	0.38

四、森林景观恢复和优化

对接区域国土空间规划，统筹林场经营范围内保护、修复、培育、利用等相关的规划、方案、设计成果，采用景观生态学原理，调整优化土地利用结构，明确森林恢复途径、森林经营方向、森林保护关键区域和生态廊道，形成生态系统服务功能最佳的景观格局。森林景观恢复和优化内容贯穿整个新型森林经营方案各个章节和编制工作的各个环节中，森林经营现状分析评估、森林经营组织、森林经营决策等工作中都包括相关内容，本节重点阐述森林景观恢复和优化目标，确定森林景观恢复和优化目标、方法和途径。

（一）基本概念和内涵

森林景观恢复从景观尺度恢复退化土地的森林功能和生态系统完整性，提高其生产力和经济价值的过程。世界自然保护联盟（IUCN）对森林景观恢复的定义为对砍伐或退化后的森林景观，恢复其生态功能并增加该地区人类福祉的一个长期过程。森林景观恢复重点是加强景观的恢复弹性，并根据社会需求变化或新的挑战来制定未来的方案，以调整和优化生态系统产品及其服务。指导原则为：

1. 关注景观本身

考虑和恢复整个景观，而不是单独的地块。可能需要平衡整个景观中相互依赖的碎片化的土地利用方式。

2. 致力于恢复功能

恢复景观的功能，使其更好地提供丰富的栖息地，防止侵蚀和和洪水泛滥，并抵御气候变化和其他环境灾害的冲击。

3. 允许多重收益

增加景观内的林木覆盖率来获得一系列生态系统产品和服务，可以增加木材供给，也可增加碳汇和扩大野生动物栖息地。

4. 采取多项策略和措施

采用多种切实可行的策略和措施开展森林景观恢复，可以采用人工植树造林、封山育林或人工促进天然更新等多方式。

5. 促进利益相关方参与

尊重利益相关者的权利，吸引利益相关者积极参与森林景观恢复的决策和实施，并取得利益相关者支持。

6. 因地制宜

恢复方案应根据当地社会、经济和生态环境条件合理确定，而不是按统一的方法或标准制定方案。

7. 避免天然林减少

要聚焦世界主要生态问题，致力解决当前全球正在发生的原始林和次生林减少和退化的问题。

8. 采取适应性管理策略

根据自然环境、社会经济环境的变化，开展学习、监测、调整等系列适应性评价和管理，实现森林景观恢复的可持续性。

（二）森林景观恢复和优化的原则

1. 自然优先原则

森林景观恢复和优化坚持保护优先、自然恢复为主的原则，守住自然生态安全的边界。自然保留地、历史文化遗迹、原始林、天然次生林、湿地等对保持区域基本生态过程和生态系统及维持生物多样性具有重要意义，在森林景观恢复和优化中应优先考虑。

2. 可持续性原则

森林景观恢复和优化应建立在满足人类的基本需要和维持生态系统完整性的基础上，要以可持续发展为基础，立足于资源的可持续利用和生态环境不断改善，保证社会经济可持续发展。

3. 针对性原则

不同区域森林景观具有不同的结构、格局和生态过程，恢复的目标也不尽相同，森林景观恢复要因地制宜，针对区域具体情况，有针对性地制定适宜的科学恢复方案。

4. 多样性原则

森林景观多样性主要指森林景观单元在结构和功能方面的多样性，包括类型多样性、格局多样性等，多样性既是森林景观恢复的原则，也是景观恢复的目标。

5. 异质性原则

景观的异质性主要是指景观中决定性资源在空间和时间上的变异程度，是区别于其他生命组建层次的最显著特征，景观异质性程度影响景观的稳定性，维持森林景观空间的异质性是森林景观恢复必须坚持的重要原则。

6. 多目标优化原则

各类型森林都具有多种功能，森林景观恢复和优化须考虑多种效益，进行多目标优化。

（三）森林景观恢复主要目标

新型森林经营方案将森林景观恢复作为提升森林生态系统服务功能的重要途径，森林景观恢复目标也是森林经营单位森林经营的重要目标。从森林景观恢复的概念可理解，森林景观恢复和优化以恢复和维持景观生态系统的完整性为主要目标，通过景观水平的森林经营和管理，实现生态和社会经济可持续发展。森林景观恢复和优化基本目标包括维持森林景观多样性、维持森林景观健康状态、维持森林景观可持续性等方面，相关目标实质上均通过森林景观元素调整和优化实现，如黄土梁子林场的森林景观恢复和优化，通过将人工落叶松水土保持林和人工单层油松水土保持林等景观元素类型调整，优化为异龄针阔混交复层水土保持林，将火烧迹地和矿山废弃地等景观元素类型调整优化为针叶灌木混交水土保持林，将天然油松单层水土保持林等景观元素类型调整优化为油松异龄复层水土保持林，实现森林景观多样性、健康状态和可持续性等的维持（表5-3）。

1. 维持森林景观多样性

森林景观多样性包括组成森林景观斑块的多样性、森林景观元素类型的多样性和森林景观格局的多样性。森林景观斑块的多样性是组成森林景观斑块的数量、大小和形状的多样性及复杂性。森林景观元素类型的多样性主要指森林景观元素类型的丰富度和复杂度。森林景观格局的多样性是指森林景观元素类型空间分布的多样性，及各类型及斑块之间的空间关系和功能的多样性。

2. 维持森林景观健康状态

森林健康就是森林生态系统能够维持其多样性和稳定性，同时满足人类对森林的自然、社会和经济需求的一种状态。景观水平的森林健康状况主要从活力、组织力、恢复力和生态系统服务功能等方面来考虑。

3. 维持森林景观可持续性

森林景观恢复和优化不是单纯进行森林资源保护，也不是纯粹的进行森林资源开发利用，而是通过协调森林景观自身承载力与外界干扰的关系，制定恢复和优化方案，实现景观水平的生态和社会经济可持续发展。

表 5-3　黄土梁子林场森林景观恢复和优化目标统计

序号	景观元素类型	面积（公顷）	占比（%）	名称
1	人工落叶松水土保持林	2073.93	15.91	异龄针阔混交复层水土保持林
2	人工单层油松水土保持林	4455.23	34.19	
3	人工落叶松油松混交水土保持林	373.05	2.86	异龄针针混交复层水土保持林
4	天然油松单层水土保持林	2627.35	20.16	油松异龄复层水土保持林
5	刺槐萌生水土保持林	2182.93	16.75	落叶阔叶混交水土保持林
6	山杏天然水土保持林	87.97	0.68	山杏乔灌混交水土保持林
7	火烧迹地	378.18	2.90	针叶灌木混交水土保持林
8	矿山废弃地	211.25	1.62	
9	油松山地苗木林	164.44	1.26	油松异龄大径纯林复层林
10	刺槐种质资源林	76.2	0.59	刺槐母树林
11	油松景观游憩林	315.29	2.42	油松常绿针叶游憩林
12	阔叶（山杏、杨树、刺槐）观赏林	86.42	0.66	落叶阔叶观赏林

（四）森林景观恢复和优化方法

森林景观恢复和优化实际上是景观水平森林经营的主要内容，其过程十分复杂，主要包括景观现状调查和分析评估、景观动态模拟和优化决策、动态监测、反馈调节等基本步骤。

1. 景观现状调查和分析评估

景观现状调查重点是调查景观元素的组成、结构和空间分布，包括生物和非生物成分，以及景观的动态变化、干扰状态和景观因素。

景观分析评估主要包括空间格局和生态过程分析、适宜性分析、健康评价等内容。新型森林经营方案编制要求在森林经营现状分析评估章节中进行景观分析评估。

2. 景观动态模拟

通过建立景观动态模拟模型，模拟和分析景观动态过程，可以了解景观未来的变化趋势和结果。在模拟的基础上，人类可根据某种目的，在一定程度上对景观动态进行干预和调节，使之向着符合人类需求的方向发展。新型森林经营方案编制将景观水平的森林经营动态模拟作为森林经营优化决策的重要内容。

3. 动态监测评估

基于景观水平的生态系统动态监测是实现景观水平森林可持续经营的核心环节。经营方案实施后，针对生态系统结构、功能和关键生态的变化，开展监测调查，收集相关数据，评估森林经营方案实施成效。

4. 反馈调节

在动态监测评估的基础上，综合考虑森林经营目标的实现情况，提出适应性调整方案，调整完善森林经营策略，修订完善森林经营方案，提升森林经营成效。

（五）森林景观恢复和优化重点

森林经营中森林景观恢复和优化重点是对森林景观格局进行优化。森林景观格局主要指森林景观元素的类型、数量及空间分布与配置等。森林景观格局的差异决定森林景观功能的不同；反之，森林景观的功能也影响森林景观的格局。按景观生态学原理，森林景观格局优化就是对构成森林景观的斑块、廊道和基质根据森林经营目标或经营方向进行优化调整。一是斑块的优化。通过人工造林、封山育林、补植补造、抚育间伐等森林经营措施，调整斑块的大小、形状、数量、空间结构，构建与主要经营目标相符的大斑块，增加与主要经营目标相符斑块的面积，增强斑块抵御外界干扰的能力，提高斑块的稳定性，提升景观的生态功能。如河北涉县偏城林场，从现在森林景观元素类型分布图和优化后森林景观元素类型分布图可看出，林场森林景观优化主要是通过补植补造将部分天然灌木林斑块调整优化为阔叶混交林，扩大生态系统稳定性较高、生态系统服务功能较强的斑块数量和面积。二是廊道优化。廊道实际上是线状或带状的斑块，它具有野生动物栖息地连接等功能，对维持生态系统稳定性具有重要作用。在森林经营中通常采用扩大廊道的宽度、保持森林斑块间的连接廊道等措施，如建立和完善河岸两侧的植被带或护岸林、森林采伐保留连接廊道等。三是基质管理。森林经营中对基质的管理重点关注控制森林经营的强度和调节基质与其他斑块的关系。

第六章

森林经营组织

新型森林经营方案编制要求基于国有林场实际需求、经营水平、经营能力等因地制宜确定森林经营组织方式。按确定的经营组织方式，科学开展经营模式设计。为与森林经营目标充分衔接，新型森林经营方案编制要求按森林生态服务类型分类安排森林经营任务和确定森林经营措施。

一、森林经营组织方式

根据森林资源经营实际需求、经营水平、经营能力等确定森林经营组织方式，可以选择区域经营法、类型经营法和小班经营法等，或三者综合。

（一）区域经营法

生物多样性保护区（小区）、国家级公益林集中分布区等区域，森林经营规划设计与树种、立地条件等自然属性关联性不强，其经营模式和经营措施主要依据经营目标确定，可按区域组织经营，设计经营模式和安排经营措施。

（二）类型经营法

将所有经营目标和景观元素类型相同，地域上不一定相连接的小班组织成森林经营类型，按森林经营类型设计经营模式和安排经营任务。经营类型的命名，可采用景观元素类型＋经营目标的方法。我国大部分国有林场可按经营类型组织森林经营。

（三）小班经营法

以小班为经营单位，根据每个小班的现状和需求分别设计和组织森林经营。小班经营法为经营成本相对较高的集约经营法，经营条件较好、经营水平较高的国有林场可采用或选择部分区域按小班经营法组织森林经营。

小班经营法19世纪形成于法国，21世纪20年代正式成形，目前西欧、北欧、日本是代表。主要特点：①以立地条件为主，划分边界固定的经营小班，以此作为组织森林经营的基本单位，每个经营小班确定经营方向、目的树种、经营周期、作业法等要素;②以径级代替龄级,把径级作为收获调整的基础,谋求永续利用的径级结构;③根据一个径级上升到另一个径级所需年数设置检查间隔期,调查和计算间隔期内小班的蓄积量和连年生长量,以此确定采伐量;④实行择伐作业,火灾小班内划分细班,对不同细班进行皆伐作业。

二、森林经营类型

经营类型法是我国根据森林经营水平和能力确定的主要经营组织方式。我国大部分森林经营单位当前的经营能力、经营水平和基础设施等条件有限,很难采用小班经营法组织经营。当前我国森林经营类型组织的方法很多,主流的方法是根据林分生物学特性、立地条件和经营目标进行分类组织,林分生物学特性主要从林分树种(组)、群落类型、起源等方面考虑,立地条件可用立地类型、地位级等表示,经营目标可从林种、培育材种等方面分类。也有很多专家认为经营类型组织只需考虑林分生物学特性,立地条件、经营目标等方面的区别可在林种划分、功能区划等环节解决。

(一)划分原则

1. 规范性原则
符合国家、行业及地方的相关法律、法规和标准规范的相关规定。

2. 目的性原则
划分目的明确,便于制定各经营目标,各阶段的经营技术措施。

3. 可操作性原则
符合经营单位森林资源现状和经营水平,易操作和管理。

4. 稳定性原则
具有一定的持续稳定性,以满足长期森林经营和管理的需要。

(二)划分方法和要求

结合实例,阐述经营类型划分的方法和技术要求。插入典型经营单位的经营类型分布图。

1. 分类要素

森林经营类型的组织主要考虑立地条件、经营目的、树种（组）、起源等因素，实际上也就要考虑经营目的和景观元素分类。

（1）立地条件。立地条件是确定森林经营技术体系的主要因素。如立地条件好的地段，常用于培育用材林、经济林；而立地条件较差的地段，则多用来培育防护林。立地条件通常用立地类型或立地等级表示。其中，立地类型可用于无林地或有林地，而立地等级多用于有林地。立地等级可用地位级或地位指数表示。

（2）经营目的。经营目的通常用林种表示。其中，特种用途林、用材林到二级林种。经营目的通常由立地条件确定，但同时还要考虑经济发展水平。因此，立地条件是划分林种的重要依据，但不是唯一依据。

（3）树种（组）。通常不同的树种（组）或林分类型，需要采取不同的技术体系。对于无林地、宜林地、疏林地等可造林地，要按照适地适树的原则，选择造林树种（组）或林分类型。

（4）起源。起源对于森林经营技术体系的确定有很大影响，如人工林多为同龄林，一般采用龄级法经营；天然林多为异龄林，一般采用径级法经营。对于经营集约度较高的地区，以及把人工林、同龄林分别培养为混交林、异龄林时，也可采用择伐方式。

2. 类型确定

依据上述确定的立地条件、起源、树种（组）（或林分类型）、经营目标等要素，确定森林经营类型及其面积。确定经营类型时要避免类型太多、太碎的情况，对于面积小，不具代表性的森林经营类型，应结合经营单位的森林经营集约程度，与相近相似的森林经营类型合并。

如河北涉县偏城林场根据林场经营实际需求、经营水平、经营能力等，在景观元素类型划分和功能区划的基础上，按突出林分特点、最大程度追求和发挥林分涵养水源、保持水土、改善景观、提供生态产品的共性效益，形成"整合目标、集中经营"等要求，将目标相同、措施相近的森林进行合理归类，将森林经营类型划分为侧柏多功能林、油松多功能林、阔叶混交多功能林、天然灌木林和特色经济林 5 个类型（表 6-1）。

表 6-1　河北涉县偏城林场经营类型面积统计

序号	经营类型		
	名称	面积（公顷）	占比（%）
1	侧柏多功能林	840	31.05
2	油松多功能林	442.31	16.35
3	阔叶混交多功能林	147.76	5.46
4	天然灌木林	1216.57	44.96
5	特色经济林	59.02	2.18

河北黄土梁子林场根据经营实际需求、经营水平、经营能力等，在景观元素类型划分、功能区划和森林景观优化目标确定的基础上，将森林经营类型划分为人工落叶松水保林、人工单层油松水保林、人工落叶松油松混交水保林等12 个森林经营类型（表 6-2）。

表 6-2　河北黄土梁子林场主要森林经营类型及经营策略

功能分区	森林经营类型	森林景观优化目标	经营措施
水土保持林功能修复区	人工落叶松水保林	异龄针阔混交复层水保林	抚育间伐；阴坡引进云杉，其他引进蒙古栎
	人工单层油松水保林	异龄针阔混交复层水保林	抚育间伐；阴坡引进云杉，其他引进蒙古栎、灌木
	人工落叶松油松混交水保林	异龄针针混交复层水保林	抚育间伐，调整混交比例
水土保持林功能修复区	油松天然更新水保林	异龄纯林复层水保林	油松更新层抚育、定株
	刺槐萌生水保林	落叶阔叶混交林水保林	皆伐改造，营造刺槐实生林；皆伐营造蒙古栎、白榆、侧柏混交林

续表

功能分区	森林经营类型	森林景观优化目标	经营措施
水土保持林功能修复区	山杏天然水保林	山杏乔灌混交水保林	引进优良品种、提升质量
	火烧迹地	针叶灌木混交水保林	油松容器苗、樟子松容器苗、灌木
	矿山废弃地	针叶灌木混交水保林	人工造林（油松、樟子松和灌木混交）
种质资源培育区	油松山地苗木林	异龄大径纯林复层林	修枝、间（挖）苗
	刺槐种质资源林	刺槐母树林	按照种子园、母树林经营要求
森林公园游憩林区	油松景观游憩林	油松常绿针叶游憩林	抚育间伐、修枝造型
	阔叶（山杏、杨树、刺槐）观赏林	落叶阔叶观赏林	补植补造（乡土观赏彩叶树种）

（三）经营模式设计

经营模式设计是指对划分的森林经营类型或经营区域按森林生长发育阶段进行具体经营技术措施设计。经营模式设计应包括经营目的、经营水平、目的树种、采伐年龄或目标阶级、作业法、立地条件等内容，如河北黄土梁子林场落叶松阔叶树异龄混交林经营模式设计（专栏6-1）。

专栏6-1　黄土梁子林场落叶松阔叶树异龄混交水土保持林经营模式设计

一、适用立地条件

海拔600米以上、坡向为阴坡或半阴坡、土层厚度中厚以上。

二、现状林相

以落叶松为优势树种的纯林或针阔混交林，有阔叶树种分布，通透性较好，林下植被丰富。

三、培育目标林相

落叶松阔叶树异龄混交林，主林层：落叶松株数占 60%~70%，蒙古栎等珍贵乡土阔叶树种株数占 20%~30%，其他伴生树种株数占 10%~20%；更新层：落叶松株数占 40%~50%，蒙古栎等阔叶树珍贵乡土树种株数占 20%~30%，其他伴生树种株数 <20%。

四、培育目标直径

华北落叶松 30 厘米以上，阔叶树等胸径 35 厘米以上。

五、经营期主要经营措施

对落叶松采用目标树经营法进行生长伐，采用群团状作业法，林下补植蒙古栎或云杉，保护天然更新的华北落叶松和乡土树种幼树。

六、各生长发育阶段经营措施

各生长发育阶段经营措施表

生长阶段	树高范围	主要抚育措施
建群阶段 （幼龄林）	<2.5 米	加强保护，一般情况下进行经营
	2.5~5 米	生长受杂灌、藤条等显著影响时进行割灌、除草为主的侧方抚育，保留足够比例的混交树种
竞争生长阶段 （中龄林）	5~8 米	选择目标树（纯林 18~20 株／亩），采用群状作业法进行第一次疏伐，合理补植蒙古栎等珍贵乡土阔叶树种，保留株数按主林层密度表确定
质量选择阶段 （近熟林）	8~10 米	目标树再次检验，维持在 13~15 株／亩，围绕目标树进行生长伐，每株目标树除伐 1~2 株干扰树，并在在幼树层选择第二代目标树，合理补植蒙古栎等珍贵乡土阔叶树种，保留株数按两个林层密度表确定
近自然生长阶段 （成熟林）	10~15 米	再次选择目标树，株数控制在 10~12 株／亩，围绕目标树进行生长伐，每株目标树除伐 1~2 株干扰树，促使目标树保持自由树冠，保持下木和中间木层生长条件，合理补植蒙古栎等珍贵乡土阔叶树种
恒续林阶段 （过熟林）	>15 米	围绕目标树开展生长伐，使其保持自由树冠，株数保持在 8~10 株／亩，达到目标直径要以单株或群状形式进行主伐，除伐间木层和劣质木，同时抚育第二代目标树

三、森林经营措施和任务

森林经营措施和任务的时间和空间安排是森林经营方案的主要内容。

（一）过程和方法

经营措施和任务的安排实际上就是森林经营决策的过程，在功能区划、经营类型划分、经营技术和要求确定等基础上确定经营活动时间和空间上安排的过程，该过程较复杂，具体操作时可借助工具软件，利用 GIS、VR、大数据处理等技术，模拟森林经营过程，优化经营策略，科学确定经营措施和安排经营任务。

1. 建立森林经营数据库

基于森林资源本底数据建立包括林分各类现状因子及功能区划、景观元素类型划分、森林经营类型的空间数据库。

2. 确定经营小班经营期可开展经营措施

根据各小班的现状因子及功能区、景观元素类型、森林经营类型以及经营的要求和限制条件，提出各小班经营期可能开展的经营措施。

3. 模拟森林经营过程

建立森林生长和经营模型，模拟经营单位森林生长及经营过程，分析各种条件和各种经营策略下预期森林经营效果。森林经营过程模拟必须充分考虑各经营小班所处功能区、景观元素类型、森林经营类型对经营的约束和限制。

4. 经营决策和任务安排

按森林经营模拟和优化结果，确定最优经营策略，落实经营期各小班的具体经营措施。

（二）任务类型

森林经营任务与生态服务功能及经营目标类型分类保持一致性，分为支持服务、调节服务、供给服务、文化和社会服务四大类。森林经营任务依据森林经营组织方式，按区域（区域经营法）或经营类型（类型经营法）或景观元素类型（小班经营法）进行统计分析，见表6-3。

表6-3 河北涉县偏城林场调节服务森林经营任务统计

经营类型	合计 （公顷）	封山育林 面积 （公顷）	低效林改造—补植 面积（公顷）	低效林改造—间伐	
				面积 （公顷）	蓄积量 （立方米）
合计	2957.54	948.62	1499.16	509.76	3017.22
侧柏多功能林	929.16	0	811.33	117.83	582.99
油松多功能林	834.24	0	442.31	391.93	2434.23
乔灌混交多功能林	1194.14	948.62	245.52		

森林经营措施类型主要有人工造林、封山育林和飞播造林、退化林修复、森林抚育、低产低效林改造等，经营任务应按类型细化到具体方式，按具体方式安排任务、统计任务面积，涉及采伐的经营措施须同时测算统计采伐蓄积量，如森林抚育，应按透光伐、疏伐、生长伐、卫生伐、补植、人工促进天然更新、修枝、割灌除草、浇水、施肥等具体方式统计任务面积，透光伐、疏伐、生长伐、卫生伐等涉及采伐的经营措施须同时测算统计采伐蓄积量。涉及天然林采伐的单独列出采伐天然林的面积及蓄积量。

（三）经营措施和任务安排

与传统森林经营方案要求基本一致，新型森林经营方案前5年的经营措施和任务要求分年度落实到小班，其他年度的经营措施和任务只需分解到年度。年度任务安排应优先安排交通条件较好的作业小班，作业小班要相对集中，同一区域内的任务且尽可能安排在同一年度，不同年度间的作业任务在空间分布上相对均匀。

四、问题和建议

试点林场大都采用类型经营法组织森林经营，编案中基本能理解森林经营组织技术要求，存在的主要问题表现为两个方面：一是经营类型划分后，制定的经营措施不精准，很多经营措施没有根据林分现状精准确定，只是简单按有关技术规程统一确定措施和参数，如某林场安排生长伐任务，只是简单按森林抚育规程相关规定，单一将郁闭度符合要求的林分全部纳入任务，并统一规定抚育采伐强度为20%，抚育采伐强度、保留株数等技术参数没有根据林分实际情况确定；二是经营任务的安排与经营类型组织脱节，经营任务应根据经营单位内各小班现状，以及所属经营类型和拟定的经营措施分析确定，但实际上，部分经营方案的经营任务安排与经营类型组织严重脱节，存在小班的经营任务与森林经营类型经营措施表规定的条件不符的情况。存在这些问题的原因除和编案人员的水平和素质有关外，主要还是没有应用新的技术方法和手段。森林经营任务和措施的安排实际上是森林经营决策的过程，制约森林经营任务和措施因素很多，经营小班较多的单位采用纯人工方法确定森林经营任务和措施，难度较大，建议一方面加强编案人员技术培训，提高人员素质和编案水平；另一方面利用成熟的编案工具或软件包，提高编案成果的科学性。

第七章

森林经营决策

森林经营决策是森林经营方案编制的核心内容之一，是森林经营任务和措施确定的基础，贯穿森林经营方案编制整个过程。国有林场新型森林经营方案编制充分考虑新技术、新方法的应用，科学利用决策支持工具辅助开展森林经营决策等工作。国有林场 GEF 项目部分试点林场采用了加拿大的 FSOS 工具软件，在建立林场各类林分生长和经营期模型的基础上，长周期模拟林场森林经营过程，利用人工智能和可视化技术优化森林经营决策。

一、决策技术发展

决策技术是决策者进行科学决策时所采用的一系列科学理论、方法、手段的总称，或者说是决策者获取信息并进行科学分析、综合、推理与判断得出正确决策的理论与方法。决策技术的基础支撑理论是运筹学理论和系统工程理论。运筹学是利用统计学、数学模型和算法等方法，去寻找复杂问题中的最佳或近似最佳的解答的学科。系统工程是以最优化方法求得系统整体的最优的综合化的组织、管理、技术和方法。森林经理理论发展 300 多年来，线性规划、整数规划、非线性规划、目标规划、系统动力学、灰色系统控制等决策技术和方法在森林经营方案编制中得到广泛应用。近年来，随着计算机和信息技术的高速发展，人工智能、物联网技术、GIS 等新技术和方法逐渐应用于森林经营管理和决策。

目前，国际上森林经营模拟和优化决策相关研究和成果众多，早期的优化决策方法主要有线性规划法、目标规划法、动态规划法等，有很多相关工具软件和专业公司提供相关服务。当前，美国、加拿大、澳大利亚和欧洲研发的决策支持系统主要有 Woodstock、Patchworks、ForPlan、LMS、GreenLab等，但大部分模型或工具软件适用于简单的森林生态系统（结构单一的人工林），适应于复杂的以复层异龄林为主的森林经营单位（景观水平）经营且融合空间分析管理的模型或工具软件较少。当前，随着人工智能、物联网相关技术的发展，基于大数据挖掘、人工智能等技术研发的系统或工具也逐渐应用于森林经营优化决策。

二、决策的主要目的

森林经营是一个复杂的系统工程，经营周期长、经营目标多样、经营技术复杂、经营对象繁杂，经营过程中将面临树种选择、林种区划、目标确定、林龄调整、结构优化等众多问题，对此类问题的解决过程就是经营决策的过程。经营决策就是经营主体对未来森林经营的方向、目标及实现途径做出决定的过程。主要包括明确经营目标和制定经营策略（制定经理期内经营管理活动方案），在系统分析的基础上提出若干备选方案，进行优化决策，选出最佳方案。经营决策是新型森林经营方案编制的一个关键内容，贯穿经营方案编制的大部分环节。

三、决策技术和方法

（一）决策方法

1. 模拟退火法

模拟退火法（simulated annealing）源于模拟固体冷却过程，是一种基于概率的算法，将固体加温至充分高，再让其徐徐冷却，加温时，固体内部粒子随温度升高变为无序状，内能增大，而徐徐冷却时粒子渐趋有序，在每个温度都达到平衡态，最后在常温时达到基态，内能减为最小。模拟退火法对解决离散变量的组合优化问题和连续变量函数的极值问题都获得了很大成功。模拟退火算法是一种通用的优化算法，理论上算法具有概率的全局优化性能，在森林经营、生产调度、控制工程、机器学习、神经网络、信号处理等领域得到了广泛应用，以多功能为目标的森林模拟优化系统（FSOS）的核心算法就是模拟退火法。用模拟退火的方法来解决经营单位森林经营决策问题时，可以把每个经营小班看成是一个分子，各经营小班各种可能的经营措施组合就是物质的不同能量状态。经营单位由多个经营小班组成，其目标方程值就相当于热力学中的能量值。通常森林经营追求的是目标方程的最大值，如木材产量、经济收益、碳存储量值等，同时森林经营还要求经营目标产出呈持续稳定状态，如在一定的年限里每年的木材产量保持相对稳定或经济收益保持相对稳定，或者按一定的增长率增长，这些要求都可用约束条件表示。

2. 遗传算法

遗传算法是根据大自然中生物体进化规律而设计提出的，是模拟达尔文生物进化论的自然选择和遗传学机理的生物进化过程的计算模型，是一种通过模拟自然进化过程搜索最优解的方法。该算法通过数学的方式，利用计算机仿真运算，将问题的求解过程转换成类似生物进化中的染色体基因的交叉、变异等过程。在求解较为复杂的组合优化问题时，相对一些常规的优化算法，通常能够较快地获得较好的优化结果。遗传算法已被人们广泛地应用于组合优化、机器学习、信号处理、自适应控制和人工生命等领域，我国很多研究人员也采用遗传算法进行森林经营优化决策研究。将遗传算法模拟优化森林经营单位森林经营过程时，可以把各经营小班的经营措施的组合看成一个个体，用一个 DNA 序列来表示，经营单位的经营过程就相当于无数 DNA 组成生物体进化遗传的过程。

3. 动态规划法

动态规划法主要用于求解以时间划分阶段的动态过程的优化问题。动态规划模型通常包含以下要素：一是阶段，阶段是对整个过程的自然划分，通常根据时间顺序或空间特征来划分阶段，以便按阶段的次序解决优化问题；二是状态，状态表示每个阶段开始时所处的自然状况，它应该能够描述过程的特征并且具有无后向性，即当某阶段的状态给定时，这个阶段以后过程的演变与该阶段以前各阶段的状态无关，即每个状态都是过去历史的一个完整总结；三是决策，当一个阶段的状态确定后，可以做出各种选择，从而演变到下一阶段的某个状态，这种选择手段称为决策；四是策略，由决策组成的序列称为策略；五是状态转移方程，在确定性过程中，一旦某阶段的状态和决策为已知，下一阶段的状态便完全确定，状态转移方程用来表示这种演变规律；六是指标函数和最优值函数，指标函数是用来衡量动态规划中决策优劣的一种数学表达式，它是关于策略的数量函数；七是最优策略和最优轨线，使指标函数达到最优值的策略称为最优策略，从初始状态出发，按照状态转移方程演变所经历的状态序列的最优过程称最优轨线。动态规划法在我国森林经营优化决策中也应用较多，技术关键点是建立科学的状态转移方程和经营目标函数。

4. 线性规划法

线性规划法是最常用的决策算法，优点是简单易行、比较客观、变量不多、目标明确。我国早期以法正林理论为指导的木材生产阶段，线性规划法在森林采伐、更新造林等各个环节得到广泛应用。

线性规划法就是在线性等式或不等式的约束条件下，求解线性目标函数的最大值或最小值的方法。其中，目标函数是决策者要求达到目标的数学表达式，用一个极大值或极小值表示。约束条件是指实现目标的能力资源和内部条件的限制因素，用一组等式或不等式来表示。采用线性规划法进行优化决策建模时必须具备几个基本条件：一是变量之间为线性关系；二是问题的目标可以用数字表达；三是问题中应存在的能够达到目标的多种方案；四是达到目标在一定的约束条件下实现的，并且这些条件能用不等式加以描述。

森林经营单位的经营小班数量多，考虑的因素多，因素间的关系大多不为线性关系。因线性规划法只适于相对经营小班数量少，考虑因素少的简单经营问题，复杂的森林经营过程很难建立合适的模型和求出最优解。

（二）决策工具

森林经营决策工具是指决策支持系统。决策支持系统是利用数据库，人机交互进行多模型的有机组合，辅助决策者实现科学决策的综合集成系统，它是以管理科学、运筹学、控制论和行为科学为基础，以计算机技术、信息技术、人工智能技术为手段，面对半结构或非结构化的决策问题，为决策者提供决策所需要的数据、信息，帮助决策者明确目标，建立和修改模型，提供多种优化方案，从而帮助决策者提高决策能力及决策效益。森林经营决策支持系统有两大主要任务：一是通过建立模拟模型，模拟森林经营过程中森林各状态因子的变化过程；二是采用优化控制技术优化经营方案。当前，美国、加拿大、澳大利亚和欧洲研发决策支持系统主要有 FSOS、Woodstock、Patchworks 等。

以下是来自加拿大的 FSOS 工具软件的基本情况（专栏 7-1）。FSOS 广泛应用于加拿大的森林经营方案和林业相关规划编制中，近年来逐渐在我国相关领域内应用。国有林场 GEF 项目的部分试点采用其进行经营决策，辅助新型森林经营方案的编制。

专栏 7-1 FSOS 森林经营决策技术

FSOS 通过数字仿真模拟预测给定的各种土地生态系统在不同经营方案下未来的变化，从而帮助人们制定最佳规划管理方案提高各种生态功能的水平，促进山水林田湖草的协调可持续发展，改善生态环境，促进人与自然的和谐。借助 GIS 技术可以将所有的具体措施全部落实到具体的地块上，方便人们对土地的管理、监督与核查。采用云计算技术，可以让土地生态系统海量复杂的数据统一在云端运行，而不用依赖某一计算机设备，无论 PC、还是移动设备，只要有网络，无论在哪里，都可以随时查询、分析、规划，确保数据统一、标准一致。采用人工智能技术，在虚拟世界仿真模拟、分析、比较、探索、制定出多个森林功能共赢可持续发展的经营方案。

FSOS 尊重自然和现状，并根据经营单位、地区、国家和社会需求，有效管理有限的森林；通过确定管理目标，再确定各个林分可能的各种经营活动，再使用经营方案模拟优化、比较，确定让经济、社会、生态和谐可持续发展的最佳经营方案。

1. FSOS 理想森林与数字森林理念

FSOS 让其在尊重自然的前提下，树立全局观、系统观、动态观、共赢观。总原则是着眼长远、立足当下；全局统筹、兼顾区域；目标导向、适时调整。从目标和问题出发，让森林多功能协调可持续发展。尽量不要预先设限，要有动态和开放的思想，探索各种可能的发展机会。运用大数据、云计算和人工智能等技术系统规划，在发展中保护，在保护中发展，发展与保护共赢。

尽管发达国家已经有了很多数字森林模型，但 FSOS 汇集了云计算、大数据和人工智能技术，并且在国内根据我国具体情况做了大量的调整，是唯一的包括中英文的数字森林模型云计算平台。FSOS 是在加拿大的大学作为教材的模型，是结合了森林规划和碳汇管理的模型，是结合了微观林分大数据知识库和宏观战略的模型，并且带有相关数据处理工具的模型。FSOS 涉及两个重要理念。

理念1：理想森林

我们引入了"理想森林"的目标管理理念，不管出于什么目的，尽量不要为森林经营预先设限，而是要设定目标，也就是要说清楚需要什么样的理想森林。理想森林定义可以考虑多种功能需求的各个方面，如木材生产、经济效益、水源涵养、碳汇、视觉质量、生物多元性、动物生境、抵抗火灾和病虫害能力等，这些功能需求之间有的相互矛盾，有的现在与未来相互矛盾，如何平衡、协调、优化森林的多种功能，让森林的各个功能都能可持续的最大的发挥是个复杂的系统工程问题。

FSOS 让森林经营规划工作简单化且智能化，使用者只需要从某一功能定义好理想森林，而不需要同时考虑太多目标，例如定义水源涵养需要什么样的理想森林时，只考虑水源涵养，而不需要考虑其他功能。当各个目标都有了自己的理想森林后，FSOS 会同时考虑各个功能，用人工智能的方法找到多方兼顾共赢的经营方案。当各个功能的理想森林相互矛盾时，FSOS 会给出让各个功能都做出妥协的经营方案，当然我们可以通过调整目标权重，优先满足一些功能需要。

理想森林会让我们逐渐实现我们的目标，因为我们的经营方案就是为实现理想森林设计安排的经营活动，一年做一点，慢慢就能实现理想森林。理想森林以预防为主，减少或者避免亡羊补牢，在规划中考虑风险，预防危机，避免危机，把危机化整为零，因为理想森林的定义可以考虑森林抵抗火灾，病虫害发生、蔓延、损失等。预防火灾或者病虫害防治不仅在采伐规划中要考虑，还要从种树时就开始考虑。

理念2：数字森林

为实现理想森林，我们又引入了"数字森林"的理念。数字森林就是为现实森林做一个数字森林，如果说现实森林是一个现实世界，数字森林就是一个虚拟世界。依赖数字森林，我们就可以直观地看到未来的森林，用各个目标衡量经营方法能否实现各个理想森林，并且数字森林还可以帮助我们编制好经营方案，让各个森林功能协调发展，让各个理想森林都能尽可能的尽早实现可持续发展。当林产品市场变化和碳汇价格波动时，或者火灾或者病虫害发生时，数字森林可以起到时刻掌握全局，快速做出反应的作用。而不是在遇到问题情况先搜集数据，分析数据，再研究对策。

理想森林既要考虑森林每年的状态又要考虑每年的产出。理想森林是目标导向，让森林规划管理从规则导向思维，向目标导向思维转变。理想森林是解决问题的有效手段，森林利益各方不需要争论，数字森林帮助使用者定义好各自的理想森林，制定好协调平衡各方利益的经营方案，尽量让各方的利益都能得到最大的满足，尽早实现各自的理想森林，并可持续地维持理想森林。当有的理想森林难以实现时，数字森林会自动协调各方，定义好切合实际的理想森林目标，所以说数字森林也是各方探讨、商量、协调的平台。森林云计算平台使用数字森林使森林分析规划管理工作简单明了、快速低成本。数字森林能帮助我们推演经营方案，预测未来的森林，看见未来的森林，编制好经营方案以创造出未来的理想森林。

数字森林是数字时代的典范，为国家生态、经济、社会发展保驾护航。数字森林让我们看见未来，探索未来、设计未来、创造未来。云计算使用云端很多电脑快速完成计算任务，让不同地点的团队都可以参与、协同，完成任务，政府主管部门有权限检查、监督、审批，也方便制定标准，监督实施，改进经营方案。

2. FSOS 核心技术

FSOS 融合了 GIS 技术、系统工程技术、数字森林技术、大数据技术、人工智能技术和云计算技术。

——系统工程

森林规划管理的目标众多，因此需要多目标驱动的统筹管理方法保证各个目标间平衡协调发展，同时兼顾近期与长期目标，各个区域与全局目标之间的关系，满足人们对不同生态功能的不同需求，达到森林管理宏观战略目的，并能让经济、生态和社会三大功能协调可持续发展，因此说森林经营规划管理是一个复杂的系统工程问题。

——人工智能算法

景观恢复项目需要采用的人工智能算法能够优化权衡生态系统中各资源层之间的关系，使生态系统能够始终沿着理想状态不断发展。多目标管理方法是极其复杂的，目标之间有的相互补充，有的相互制约。传统数学的线性规划无法解决这样的问题，只有使用人工智能优化算法才能使复杂的问题简单化，从可能的数亿变量和数万约束条件中找到能够最大程度满足所有目标的最优解。

——定时、定位、定量分析规划

结合地理信息系统技术，将空间模型与非空间模型结合于一体，对森林生态系统进行定时、定位、定量分析，分析预测生态系统在未来十年、几十年、几百年等任何时间段内的变化情况，并能够将定量的经营规划措施落实到具体位置上。实现对森林生态系统的定时定位定量管理。同时，实现了中短期战术规划管理与长期战略管理规划管理相结合。做到目标战略管理，灵活机动及时调整，心中有数，既无远虑也无近忧。

——云计算技术

云计算技术可以让大量运算在云端进行，既提高了运算速度，也可以让使用者在任何位置使用任一终端获取应用服务。数据的处理和运行管理统一集中在云端处理。保障服务的高可靠性，还将具有高扩展性，可以满足使用者随时增加的不同需求。并且让森林规划、经营管理、审批监督都在一个平台无缝对接，提高效率和质量。这一平台也可以为教学、科研和经营实践提供一个协作平台。

——大数据技术

通过大数据技术，系统不断积累知识，再和人工智能技术结合，不断地学习提高预测准确度，极大地减轻工作量，提高工作效率。

3. FSOS 项目实施方法

FSOS 不只是一个软件的概念，而是给使用者提供一个系统平台，带领使用者一步一步完成森林分析规划。图 1 给出了 FSOS 的架构，可以看出 FSOS 使森林规划工作简单智能化。

图 1　FSOS 架构

4. FSOS 项目实施具体步骤

第一步，建立森林现状基本信息数据库，对森林现状进行统计分析，确定保护林地和木材生产林地（图 2），并制作现状统计报表（图 3）。

地块编号	* 土地类型	地块面积(ha)	* 非木材林地面积(ha)	* 当前木材林地面积(ha)	* 未来木材林地面积(ha)
1	非林地	0.0011547717	0	0	0
2	非林地	0.1968487584	0	0	0
3	木材林地	9.8098	0	9.8098	9.8098
4	非林地	0.40405			
5	非林地	0.15905			
6	非林地	15.6534137347			
7	非林地	0.0023355072			
8	非林地	45.210959958			
9	非林地	0.0028292876			
10	木材林地	7.6043214907	0	7.6043214907	7.6043214907
11	非林地	0.0678601802			

（项目列表　系统字段表　常用字段表　自定义字段表　原数据字段表　参数设置　地块　林分　道路　理想状态　经营方案　地块基本信息）

图 2　森林空间数据库

图 3　森林现状统计报表

第二步，建立林分的动态模型，设计各个林分可能的经营方案下的动态模型，用 FSOS 对每个林分设计几种可能的经营措施并制定相应生长反应模型（图 4 至图 6）。林分生长模型是整个森林多目标可持续发展规划的基本，是可以选择的经营活动措施。

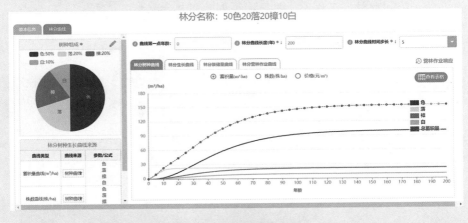

图 4　林分生长动态模型

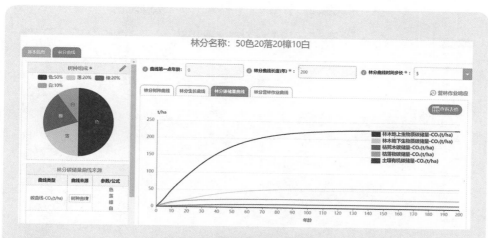

图 5　林分碳储量动态模型

树种编号	* 树种名称	可能的树种分组	可能的木产品	* 主伐/更新伐年龄	* 树种曲线长度(年)
1	柞	默认树种分组	默认木产品	55	200
2	椴	默认树种分组	默认木产品	50	200
3	落	默认树种分组	默认木产品	9	200
4	色	默认树种分组	默认木产品	55	200
5	白	默认树种分组	默认木产品	40	200
6	榆	默认树种分组	默认木产品	50	200
7	樟	默认树种分组	默认木产品	40	200
8	水	默认树种分组	默认木产品	70	200
9	杨	默认树种分组	默认木产品	40	200
10	黑	默认树种分组	默认木产品	51	200
11	红	默认树种分组	默认木产品	50	200
12	黄	默认树种分组	默认木产品	35	200

图 6　树种和木产品管理

　　第三步，建立道路和木材市场需求模型，包括已有道路系统、需要修建的道路成本、木材市场价格等（图 7）。

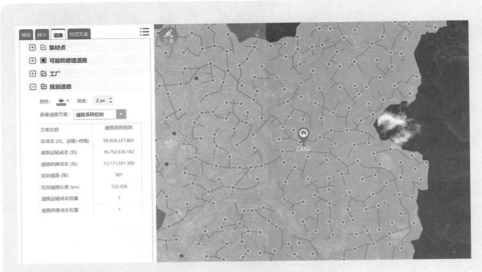

图 7 道路网设计

第四步，制定经营方案，设置要实现的各个目标，制定一系列经营方案，如不经营方案，生态第一方案，经济第一方案，生态、经济和社会价值兼顾方案等。进行系统分析和比较各种方案的各个目标取得的时间、过程、步骤，同时考虑近期与长期的投入与产出，并能帮助我们进行有效经营管理，审批监督，更生动地宣传和示范。

每一个方案可以设置很多目标层和理想森林，目标层的理想森林可以从水源涵养功能、动物生境、生物多样性、景观视觉质量等方面考虑定义理想森林（图8、图9）。每一个方案都可以设置每年的产出目标，如木材生产、经济效益、林副产品等（图10）。

图 8　目标层

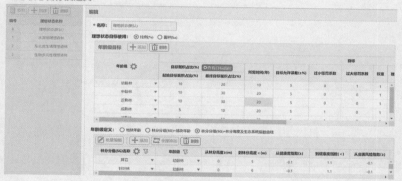

图 9　理想森林定义

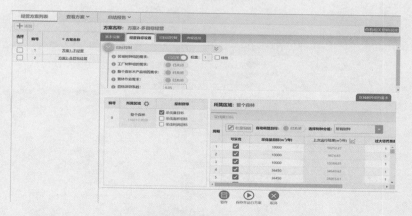

图 10　每年产出目标表

每一个经营方案可以选择算法，包括模拟算法和优化算法（图11），模拟算法运行快，但无法平衡协调众多目标，需要采用优化算法。优化算法采用探索式搜索算法，可以解决数亿变量的问题，但运算时间较长，需要大量运算资源。

图11　算法和基本参数设置

每个方案可以设置很多控制和参数（图12），包括近期战术目标和参数、长期战略目标和参数。

图12　其他控制与参数设置

一个项目可以运行很多方案（图 13 至图 17），最后推荐兼顾各方需求、统筹近期长期发展的最佳经营方案，包括落实到具体小班的近期经营措施。

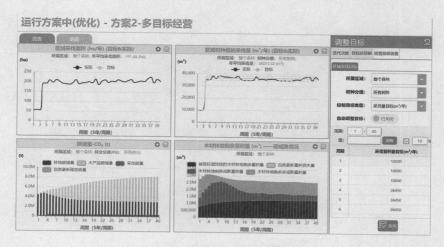

图 13　方案运行监视截屏

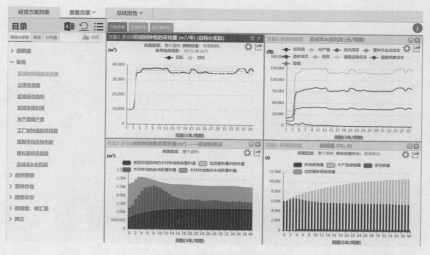

图 14　方案比较分析

图 15　推荐经营方案规划

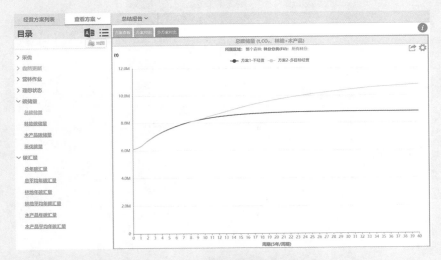

图 16　森林碳储量比较

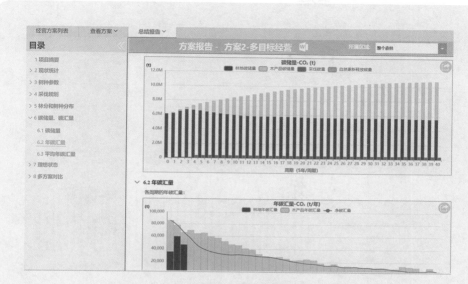

图17　碳储量分布与碳汇

详细报告推荐的方案自动生成项目报告 Word 版导出，使用者可以修改完善报告后，提交至相关部门审批（图18、图19）。

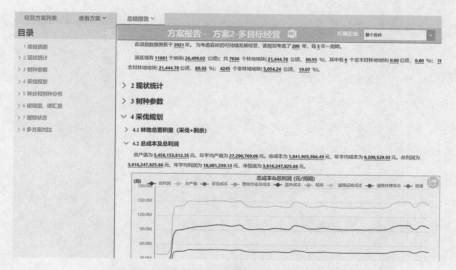

图18　自动生成的森林经营规划报告部分截图

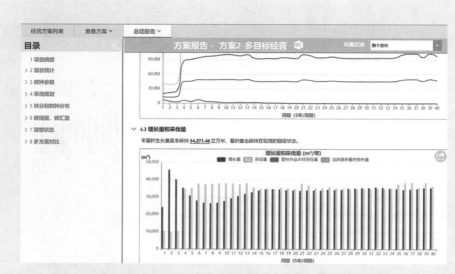

图19　推荐的规划方案给出森林每年的蓄积增长量和消耗量

　　所有的经营方案都有详细报告，并且阐述推荐最佳方案原因。让决策者充分了解森林未来每年的投入与产出，了解森林的各个功能在未来每年的状态，让其做的决策有理有据。

　　森林规划管理有众多兼顾的目标，有的相互矛盾、有的相互促进。不同地区、不同时间，对森林生态功能的需求也各不相同。无论从哪一个单方面目标考虑，甚至几个方面考虑都可能是片面的。只有全局统筹才能做出智慧决策，因此我们必须借助专业的数字模型，才能够系统地统筹、协调各个目标之间、各个地区之间以及现在与未来之间的关系，有效利用土地资源，促进土地生态系统的协调可持续发展，达到可持续绿色发展的战略目标。

　　森林生态系统管理，就是要尊重自然，从土地的多功能角度出发，让土地的各个生态功能平衡协调发展，并能提高土地的生态功能，让1亩土地发挥出2亩甚至数亩土地的作用。

四、问题和建议

当前，森林经营优化决策新技术和方法应用存在的主要问题是我国森林可持续经营相关的政策、规程和标准体系还不完善，森林经营的制度体系还不健全，行业内对应用新技术和方法开展森林经营优化决策结果的必要性和合理还存在质疑，主要是缺少专项调查数据和森林经营长期监测数据支撑，基础数表编制工作滞后。森林经营优化决策的基础是森林经营模型和生长模型的建立，但森林经营模型和生长模型的建立需要长期的监测数据，经营模型和生长模型也需经权威部门认可或发布，而当前我国各类林分的生长过程表不全，经营模型、生长模型和相关数表的管理也没有统一的规定。建议加快完善制度和政策，加强森林经营标准体系建设，定期开展专项调查工作，加速我国森林经营监测及基础数表编制和管理等工作进程，为科学编制和实施森林经营方案、建立完善森林经营方案制度体系奠定基础。

第八章

实施成效监测评估

森林经营方案实施成效监测评估就是利用各种信息采集、处理手段和技术，对经营区域以森林为主体的生态系统状况定期进行系统调查测定和统计分析，全面了解森林经营方案实施后森林资源和生态系统的变化情况，揭示生态系统各因素的相互关系和内在变化规律，为优化森林经营决策提供支撑。森林经营方案实施成效监测评估是森林经营方案编制、执行的一个关键环节，是检验方案编制、执行好坏的一项重要途径，对提高方案的编制水平、提升森林经营成效、促进森林可持续经营具有十分重要的意义。

国有林场 GEF 项目在组织编制新型森林经营方案的同时，启动试点林场新型森林经营方案实施成效监测相关工作，重点关注关键生态系统服务指标监测，并在方案实施一年时开展实施成效评估工作。

一、监 测 方 法

我国森林类型多样，体现森林经营方案成效的指标复杂多样，不同指标的监测要求和具体内容也各异，获取信息的方式不尽相同，对处于不同地域或不同环境条件的森林经营单位，需综合考虑森林经营基础条件、社会经济水平等采取不同的技术方法，特别要结合已开展相关工作或已有基础条件确定监测方法，特别要考虑区域森林资源连续清查和森林资源规划设计调查工作的开展情况。

（一）样地调查法

森林经营方案实施成效监测主要采用样地调查法，即按一定比例合理设置固定样地，定期开展观测调查，获取森林资源及生态系统动态变化相关信息。

1. 样地设置方法

成效监测样地以组为单位设置，一组监测样地至少包括一个开展森林经营作业的样地和一个未开展森林经营作业的对照样地，除要求两者立地条件和林分现状基本相同外，还要求两者位置邻近，之间相隔距离不宜超过 1 千米，样地距林缘不小于 20 米，不能跨河流、道路或伐开的调查线。设置的样地内森林资源结构应具有代表性，包括树种、林种、起源、年龄、立地状况等。样地的具体数量根据经营单位内经营类型数量及森林资源结构特征情况确定，原则上每个经营类型至少设置1个样地组。

2. 样地调查主要内容和指标

样地调查的具体内容和指标应根据经营方案确定的经营目标确定，原则上要满足经营目标指标值计算的需要，主要应包括以下内容。

（1）立木调查。对所有抚育、改造和对照样地都进行立木调查，包括不同林层调查样地的树种及树种组成，林分平均年龄、平均树高、胸径、蓄积量、株数、林木健康状况等指标。

（2）更新演替调查。主要针对下木及林下更新的幼树与幼苗，调查下木、幼树、幼苗的种类、密度、分布和生长状况；灌木及草本植物种类、分布、密度（盖度）。

（3）光环境调查。调查样地内林隙数量、大小及分布及郁闭度等。

（4）森林土壤及流失调查。主要调查样地的土壤类型、土壤层厚度、土壤孔隙度、腐殖质层厚度、土壤流失量动态等。

（5）物种多样性调查。分别对林分、下木及灌草植物进行调查，重点调查物种多样性指数、森林动物活动及栖息情况。

（6）森林经营作业调查。主要调查记载森林经营措施类型、强度、作业时间，以及劳动力、资金、肥料等主要投入和产出等情况。

（二）其他方法

森林经营方案实施的社会和经济效益监测一般采用调查访谈法或档案信息分析法等。调查访谈法主要是通过调查问卷、访谈会议等方式收集森林经营方实施对就业、收入等方面影响的信息，以及利益相关者对森林经营活动的意见等。档案信息分析法指通过收集、查阅相关档案资料的方式获取森林经营方案实施成效监测指标有关数据，如经营期内森林经营任务完成情况，信息通常采用档案信息分析法查阅森林经营管理档案获得。

二、评 估 方 法

森林经营方案实施及执行效益评估方法主要有综合评分法、层次分析法、模糊数学综合评审法、人工神经网络法等，具体可根据评估基础数据情况和评估工作要求确定。

（一）综合指标评分法

综合指标评分法简单实用，我国早期森林经营方案执行情况评估大多采用这种方法。国有林场 GEF 项目的试点林场新型森林经营方案编制和实施评估也采用了这种方法。首先综合有关专家的意见、根据以往经营方案实施管理工作经验和确定的评定指标，制定各项指标的评分标准和各指标的权重，然后根据评分标准对各项评定指标进行量化评分，结合各指标的权重计算方案执行的综合得分值。如某经营单位总体经营目标评估，首先根据森林经营方案的主要经营目标及指标确定评估指标，根据各评估指标的实际测算值与目标值间的差距计算评估得分，然后再采用专家打分法确定各指标权重，最后根据指标评估得分和指标权重计算综合得分。综合指标评分法的关键是要合理确定各指标权重的计算方法，确保指标权重科学合理（表 8-1）。

表 8-1　某经营单位总体经营目标指标评定结果

指标名称	经营目标	实际达到	得分	权重（％）	综合得分	指标总得分
森林覆盖率	45%	50.33%	100	30	30	
林木蓄积量	233 万立方米	148.62 万立方米	63.785	25	15.946	
城市人均公共绿地	12 平方米	11.15 平方米	92.92	10	9.29	90.24
林业生产总值	3.3 亿元	5 亿元	100	10	10	
林火管护监测率	70%	100%	100	15	15	
森林病虫害防治率	95%	96%	100	10	10	

（二）层次分析法

层次分析法是美国运筹学家在 20 世纪 70 年代初首次提出的分析方法。该方法属于系统工程理论中的决策方法之一，应用范围很广，方法本身也一直被不断改进，应用领域也在不断扩展，如排序向量权重的物理意义和层次分析法的逆过程分析等方法的延伸分析也在具体应用中不断提出。层次分析法已在我国林业调查、规划、设计、森林经营管理等方面得到广泛应用。层次分析法根据问题的性质和要达到的总目标，将问题分解为不同的组成因素，并按照因素间的相互关联影响以及隶属关系将因素按不同层次聚集组合，形成一个多层次的分析结构模型，从而最终使问题归结为最低层相对于最高层的相对重要权值的确定或相对优劣次序的排定。

森林经营成效评估涉及的因子众多，不同经营单位的评估因子值及评估标准也各不相同，比较森林经营综合成效时可采用层次分析法。采用层次分析法进行森林经营成效评估主有三个步骤：一是建立层次结构模型，即将评估目标、考虑的因素和评估对象分为最高层、中间层和最低层，绘出层次结构图；二是构造判断矩阵，将考虑的因素分别进行两两相互比较，并按其重要性程度评定等级；三是层次单排序及其一致性检验，也就是根据判断矩阵求解各个指标的权重，计算最大特征根，并检验构建的判断矩阵是否存在逻辑问题。

（三）模糊数学综合评价法

模糊数学综合评价法是一种基于模糊数学的综合评价方法，应用模糊关系合成的原理，将一些边界不清、不易定量的因素定量化，进行综合评价。它具有结果清晰、系统性强的特点，能较好地解决模糊的、难以量化的问题，适合各种非确定性问题的解决，其特点是评价结果不是绝对的肯定或否定，而是以一个模糊集合来表示。

评估森林经营成效的部分因子存在边界不清、难定量化的问题，采用模糊综合评价法能较好地解决这些问题。这种方法与综合指标评分法类似。模糊综合评价法一般分为七个步骤：一是确定评价指标，也就是列出所有森林经营成效的评价指标；二是确定评价指标值；三是计算指标标准化评估值；四是确定指标平均标准化评估值，进行单因素模糊评价，确立模糊关系矩阵；五是确定评价标值的权重；六是计算各指标加权平均评价值；七是计算经营成效综合评价值。

三、主要评估内容

新型森林经营方案的实施成效评估主要包括经营任务完成情况、经营目标实现情况、森林景观恢复和优化目标实现情况、生态系统服务功能变化情况等内容。

（一）经营任务完成情况

主要采用档案信息分析法查阅森林经营管理相关档案，获取支持服务、调节服务、供给服务、文化和社会服务相关任务完成数据，进行初步统计分析，确定评估的主要指标及指标值，如支持服务任务完成情况统计样表（表8-2）。具体评估可采用综合指标评估法、层次分析法、模糊数学综合评价法等方法开展。

表8-2 支持服务任务完成情况统计样表

任务类型	任务单位	方案总任务	×××年度方案任务	×××年度完成任务	×××年度任务完成率	合计完成任务	合计任务完成率
人工造林	公顷						
封山育林	公顷						
飞播造林	公顷						
退化林修复	公顷						
森林抚育	公顷						
保护围栏	米						
……							

（二）经营目标实现情况

按新型森林经营方案确定的各类经营目标指标，根据监测调查数据、经营档案数据或遥感影像数据等分析计算各目标指标值，如某经营单位2021年水源涵养及防风固沙目标指标计算表（表8-3），主要经营目标指标的确定及指标值的计算方法可参考第四章的经营目标参考指标部分。具体评估可采用综合指标评估法、层次分析法、模糊数学综合评价法等方法开展。

表8-3　某经营单位2021年水源涵养及防风固沙目标指标计算

评价指标	单位	当前值	目标值	计算或测算值
水源涵养量变化	亿立方米/年	1.77	1.82	1.78
乔木林面积	万公顷	9.64	9.76	9.64
森林覆盖率	%	91.1	92.0	91.1
混交林比重	%	60.3	60.9	60.5
合理郁闭度林分面积比重	%	60.2	66.8	60.4
复层林面积	万公顷	1.16	1.39	1.16

（三）森林景观恢复和优化目标实现情况

按新型森林经营方案森林景观恢复和优化确定的森林景观恢复和优化目标指标，根据监测调查数据、经营档案数据或遥感影像数据等分析计算森林景观恢复和优化目标实现情况，如某经营单位2021年森林景观恢复和优化目标指标计算表（8-4）。具体评估可采用综合指标评估法、层次分析法、模糊数学综合评价法等方法开展。

表 8-4 某经营单位 2021 年森林景观恢复和优化目标指标计算

景观元素类型	目标面积（公顷）	目标比例（%）	测定面积（公顷）	测定比例（%）	目标实现比例（%）
异龄针阔混交复层水土保持林	6529.16	50.1	0	0	0
异龄针针混交复层水土保持林	373.05	2.86	0	0	0
油松异龄纯林复层水土保持林	2627.35	20.16	2627.35	20.16	100
落叶阔叶混交水土保持林	2182.93	16.75	2182.93	16.75	100
山杏乔灌混交水土保持林	87.97	0.68	87.97	0.68	100
针叶灌木混交水土保持林	589.43	4.52	589.43	4.52	100
油松异龄大径纯林复层林	164.44	1.26	164.44	1.26	100
刺槐母树林	76.2	0.59	76.2	0.59	100
油松常绿针叶游憩林	315.29	2.42	315.29	2.42	100
落叶阔叶观赏林	86.42	0.66	86.42	0.66	100

参考文献

白冬艳，2013. 多功能森林经营效益优化及财政政策调控研究［D］沈阳：沈阳农业大学.

曹永成，柯小龙，陈岩松，等. 2022. 森林认证背景下森林经营方案的编制［J］国土与自然资源研究（1）:91-94.

曾祥谓，樊宝敏，张怀清，等. 2013. 我国多功能森林经营的理论探索与对策研究［J］林业资源管理（2）:10-16.

常昆，1985. 我国森林经营方案设计现状及对有关问题的刍议［J］林业资源管理（6）:16-24.

陈伯望，惠刚盈，Klaus von Gadow，2004. 线性规划、模拟退火和遗传算法在杉木人工林可持续经营中的应用和比较［J］林业科学（3）:80-87.

陈端吕，陈晚清. 2002. 基于 GIS 技术的森林经营优化与辅助决策系统［J］中南林业调查规划（3）:44-47.

陈鑫峰，2000. 京西山地区森林景观评价和风景游憩林营建研究—兼论太行山区的森林游憩业的建设［D］北京:北京林业大学.

崔露，2022. 基于生态功能保护的景观生态格局及绿道规划研究［J］环境科学与管理，47（11）:166-171.

代力民，邵国凡，2006. 森林经营决策——理论与实践［M］沈阳:辽宁科学技术出版社.

戴其林，张超，商克容，等，2020. 利用森林模拟优化模型（FSOS）分析森林经营单位合理年伐量［J］浙江农林大学学报，37（5）:833-840.

董灵波，2016. 基于模拟退火算法的森林多目标经营规划模拟［D］哈尔滨：东北林业大学.

傅伯杰，陈利顶，王仰麟，等，2011.景观生态学原理及应用［M］.北京:科学出版社.

郭晋平，2001.森林景观生态研究［M］.北京:北京大学出版社.

韩文权，常禹，2004.景观动态的 Markov 模型研究——以长白山自然保护区为例［J］.生态学报，24（9）:8.

惠刚盈，赵中华，2008.森林可持续经营的方法与现状［A］//第十届中国科协年会论文集（二）.

亢新刚，2011.森林经理学［M］.4 版.北京:中国林业出版社.

寇文正，1985.关于编制森林经营方案若干问题的浅见［J］.林业资源管理（6）:25-27.

冷文芳，代力民，贺红士，等，2008.三维可视化软件在辽东山区森林生态系统管理中的应用［J］.应用生态学报，19（7）:1437-1442.

李方一，2009."千年生态系统评估"对生态人类学的借鉴意义［J］.中央民族大学学报（哲学社会科学版），36（2）:46-51.

李克志，1985.建国前的森林经理史［J］.林业勘察设计（7）:48-50.

李空明，李春林，曹建军，等，2021.基于景观生态学的辽宁中部城市群绿色基础设施20 年时空格局演变［J］.生态学报，41（21）:8408-8420.

李明阳，1999.浙江临安森林景观格局变化的研究［J］.南京林业大学学报，23（3）:71-74.

李权荃，金晓斌，张晓琳，等，2023.基于景观生态学原理的生态网络构建方法比较与评价［J］.生态学报，43（4）:1461-1473.

李绍芬，2016.恢复生态学的理论与研究进展［J］.现代园艺（2）:181-182.

李永亮，沈康，张怀清，等，2019.基于 CAVE2 的森林虚拟仿真系统应用研究［J］.林业资源管理（2）:123-136.

李月辉，胡远满，王正文，2023.山水林田湖草沙一体化保护和修复工程与景观生态学［J］.应用生态学报，34（1）:249-256.

林业部，1986.国营林业局、国营林场编制森林经营方案原则规定［M］.北京:中国林业出版社.

铃木太七，1983.森林经理学［M］.于政中，译.北京:中国林业出版社.

刘海，张怀清，林辉，2010.森林经营可视化模拟研究［J］.世界林业研究，23（1）:21-27.

刘莉，刘国良，陈绍志，等，2011.以多功能为目标的森林模拟优化系统（FSOS）的算法与应用前景［J］.应用生态学报，22（11）:3067-3072.

刘世荣，代力民，温远光，等，2015.面向生态系统服务的森林生态系统经营:现状、挑战与展望［J］.生态学报，35（1）:1-9.

鲁法典，Lohmander P，2009.风险状态下混交林最优经营决策（英文）［J］.林业科学，45（11）:83-89.

陆元昌，雷相东，洪玲霞，等，2010a.近自然森林经理计划技术体系研究［J］.西南林学院学报，30（1）:1-5.

陆元昌，栾慎强，张守攻，等，2010b.从法正林转向近自然林:德国多功能森林经营在国家区域和经营单位层面的实践［J］世界林业研究，23（1）:1-11.

梅光义，孙玉军，2017. 国内外森林资源规划与模拟研究综述［J］世界林业研究，30（1）:49-55.

欧阳君祥，卢泽洋，2017. 森林经营单位合理年采伐量分析研究［J］林业资源管理，（04）:30-36.

欧阳君祥，2005. 模拟退火法在汪清林业局森林可持续经营决策中的应用研究［J］林业资源管理（6）:55-58.

潘存德，师瑞峰，马兰菊，2007. 现代生态科学与森林经理学：寻求森林经营的生态合理性［J］西北林学院学报（1）:161-167.

任海，王俊，陆宏芳. 2014. 恢复生态学的理论与研究进展［J］生态学报，34（15）:4117-4124.

孙云霞，刘兆刚，董灵波，2019. 基于模拟退火算法逆转搜索的森林空间经营规划［J］林业科学，55（11）:52-62.

沈康，杨廷栋，张怀清，等，2020. 基于模拟退火算法的林分多目标经营动态可视化模拟［J］林业科学研究 . 33(3): 99-106

唐安琪，魏雯，2023. 景观生态学视角下国土空间规划国内研究进展［J］园林，40（2）:76-82.

唐小平，张浩荣，翁国庆，2001. 关于林业规划设计调查和森林经营方案编制有关规定修订的探讨［J］中南林业调查规划（S1）:114-117.

唐小平，2012. 生物类自然保护区适应性管理关键问题研究［D］北京：北京林业大学 .

唐小平，1995. 软科学规划方法应用于森林经营方案编制［J］林业资源管理（5）:36-42.

唐小平，2017. 森林资源管理［M］北京:中国林业出版社 .

唐小平等，2012. 森林经营方案编制与实施规范（LY/T 2007—2012）［M］北京:中国标准出版社 .

王建明，吴保国，梁其洋，2017. 基于遗传算法的森林抚育间伐小班智能选择［J］林业科学，53（9）:63-72.

王新怡，赵秀海，刘国良，2007. 森林经营规划中优化算法应用研究进展［J］林业勘察设计（1）:10-14.

邬建国，2000. 景观生态学——格局、过程、尺度与等级［M］北京:高等教育出版社 .

武莉琴，孙一博，孙赫，等，2022. 基于森林仿真优化系统（FSOS）确定塞罕坝主要森林类型全周期年采伐量［J］林业与生态科学，37（2）:134-141.

谢帅，2023. 国有林场森林管护的有效策略［J］新农业（4）:50-51.

谢阳生，陆元昌，雷相东，等，2019. 多功能森林经营方案编制关键技术及辅助系统研究［J］中南林业科技大学学报，39（8）:1-9.

熊畅，吴卓，曾梓瑶，等，2023. 基于"空间形态—破碎化—聚集度"的粤港澳大湾区森林景观格局时空演变研究［J/OL］生态学报（8）:1-13.

许旻，2014. 高维数据下基于云平台的随机森林算法的研究与实现［J］科技通报，30

（6）：222-224.

颜文希，刘庆良，陆显祥．1986. 对编制森林经营方案的几点认识［J］. 林业资源管理（5）：4-8.

易淮清等，1991. 中国林业调查规划设计发展史［M］. 长沙：湖南出版社．

于政中，1981. 介绍铃木太七森林经理学［J］. 林业勘察设计（1）：56-57.

于政中，1994. 森林永续利用与持续林业经营［J］. 北京林业大学学报，16（S1）：95-100.

于政中，1995. 数量森林经理学［M］. 北京：中国林业出版社．

于政中，等，1993. 森林经理学［M］. 北京：中国林业出版社．

喻庆国，2007. 世界森林景观生态研究发展趋势及我国的应对策略［J］. 安徽农业科学，35（26）：8214-8217+8230.

张会儒，雷相东，李凤日，2020. 中国森林经理学研究进展与展望［J］. 林业科学，56（9）：130-142.

张会儒，2019. 当前森林经营需要注意的几个问题［J］. 中国林业产业（6）：61-66.

张会儒，2018. 森林经理学研究方法与实践［M］. 北京：中国林业出版社．

赵建新，2014. FSC 森林经营认证的启示和思考——基于对 4 家森林认证单位的森林经营方案和认证报告的分析［J］. 林业调查规划，39（5）：112-114.

赵劼，付博，丁晓纲，等，2020. 森林景观恢复的基本特征与应用原则探讨［J］. 世界林业研究，33（6）：22-26.

赵士洞，张永民，2006. 生态系统与人类福祉——千年生态系统评估的成就、贡献和展望［J］. 地球科学进展（9）：895-902.

郑云燕，2023. 新时代国有林场现代化发展的问题及策略［J］. 现代企业（2）：181-183.

中国大百科全书总编辑委员会《农业》编辑委员会，1990. 中国大百科全书（农业卷）［M］. 北京：中国大百科全书出版社，958-959.

周昌祥，1980a. 对我国森林经理的几点看法［J］. 林业资源管理（2）：1-5.

周昌祥，1980b. 对森林经理与总体设计关系的看法［J］. 林业资源管理（3）：5-7.

综合队学习小组，1973. 认真总结经验，不断提高调查规划水平——汪清林业局试行《经营规划方案》情况调查［J］. 林业资源管理（3）：11-15.

Admas D M，Ek A R，1974. Optimizing the management of of uneven-aged forest stands［J］. Canadian Journal of Forest Research，4（3）：274-278.

Buongiorno J，Michie B R，1980. A matrix model of uneven-aged forest management［J］. Forest Science，26（4）：609-625.

Clutter J T，1983. Management-A Quantative Approach［M］. New York：John Wiley & Sons Inc.

Costanza R，Arge R，Groot R，et al，1997，The value of the world's ecosystem services and natural capital［J］. Nature，387（15）：253-260

Davis K P，1966. Forest Management-valuation and regulation［M］. 2nd edition. New York：McGraw-Hill Book Company.

Davis L S，Johnson K N，1987. Forest management［M］. 3rd edition. New York：McGraw-Hill

College.

Franklin J F, 1989. Toward a new forestry [J]. American Forestry, 95 (11):37–45.

Moeller A, 1992. Der Dauerwaldgedanke: Seinsinn und seine bedeutung [M]. Berlin:Verlag von Julius Springer, 84.

Orland B. 1994. Smartforest:3–D interactive forest visualization and analysis [C] //Proceedings of Decision Support–2001, Resource Technology 94, Toronto. Bethesda, Maryland:American Society for Photogrammetry and Remote Sensing, 181–190.

Bettinger P,Boston K,P Siry J,Donald L. Grebner, 2012. 森林经营规划 [M]. 邓华锋，杨华，程琳，译 . 北京:科学出版社 .

Recknagel A B, 1913. The theory and practice of working plans (forest organisation) [M]. New York:John Wiley and Sons.

Roth F, 1925. Forest regulation [M]. Michigan:George Wahr Publishing Company.

Woolsey T S, 1922. American forest regulation [M]. New Haven:The Tuttle, Morehouse and T aylor Company.

附　件

国有林场新型森林经营方案编制提纲

一、现状分析评估

（一）基本情况

1. 自然地理

概述国有林场所处区域的地理位置、面积、地质地貌、气候、土壤、植被等，重点关注与森林经营相关的内容，并指出森林经营的有利因素和不利因素。

2. 社会经济

概述国有林场所处区域的人口和经济发展、产业结构与产值、相关产业及加工能力等及国有林场职工收入、单位收入等，重点阐述影响国有林场森林经营的相关内容。

3. 基础设施

概述森林经营基础设施，包括国有林场对外交通、内部经营道路、管护用房、宣教场所、通信和水电条件等。

4. 土地利用

概述国有林场各类土地面积和比例、林地类型及利用现状。

5. 机构人员

概述国有林场组织机构设置、人员结构，特别是从事森林经营的人员、学历或者职称结构、专业技能等。重点体现国有林场的经营能力和水平。

6. 经营沿革

简述国有林场森林经营和管理的历史发展变化，特别是国有林场改革的基本情况，如改革后单位性质变化、资金来源变化、管理机制变化、职工收入变化等。

（二）森林景观分析

1. 景观元素类型

以生态系统类型（生态系统类型可根据地类和群落类型等划分）为主要分类依据对国有林场进行景观元素分类。

2. 景观元素特征

从生物多样性保护、景观格局和演替的角度，分析各景观破碎化、多样性等特征，分析判断各类景观元素空间布局、面积变化及形态特性的合理性。

3. 景观生态适宜性

根据景观资源与环境特征，发展需求与资源利用要求，从景观的独特性、多样性、功效性、宜人性等角度，分析景观的资源质量以及相邻景观的关系，确定景观对某一用途的适宜性和限制性，并进一步对比分析不同经营措施或经营方向对景观结构和生态功能的影响，提出优化调整措施建议。

（三）生态系统分析

1. 森林资源

详细分析国有林场森林资源数量、质量、结构等，总结森林资源特征和存在问题。

2. 生物多样性

阐述林场植被资源、动物资源、植物资源等基本情况，重点介绍典型群落、重点保护的野生动植物种类和分布。

3. 生态系统特征

阐述林场生态系统的典型性、自然性、珍稀性、脆弱性和多样性等特征。

（四）经营需求

1. 支持服务需求

根据国有林场森林资源、生物多样性等现状，分析林地生产力提升、生态系统结构完善、生物多样性保护等生态支持服务需求。

2. 调节服务需求

分析国有林场生态区位和社会经济环境，围绕森林的水文调节、土壤保持、防风固沙、固碳释氧等阐述国有林场的主要生态调节服务需求。

3. 供给服务需求

阐述国有林场对木质产品和非木质林产品供给的实际需要。

4. 方化（社会）需求

围绕提供森林康养游憩场所、开展自然教育、增加就业机会、提高职工收入、促进科技进度等方面分析确定国有林场的主要文化和社会需求。

（五）主要问题

根据需求与现状的差距，重点从森林景观质量、森林资源数量、生态服务能力、林产品供给能力等提炼本经理期应解决的问题。

二、经营目标

（一）主要目标

根据国有林场的生态区位、经营需求、森林资源特征、发展定位等，围绕主要生态服务需求确定主要目标，主要目标原则上确定为 1 个。在充分考虑国有林场森林资源现状和经营能力的基础上，研究确定主要目标的指标和目标值。

（二）次要目标

除主要目标外，确定若干次要目标，并充分考虑林场经营能力和经营条件，研究确定次要目标的指标和目标值。

三、功能区划

（一）区划原则和方法

阐述功能区划的原则、考虑的主要因子及区划方法。

（二）功能区

在公益林区划、林种区划等现有区划的基础上，按功能区划的原则和方法进行功能区划，确定各功能区的主要经营方向和经营约束条件，以图和表的形式列出区划结果。

功能区划必须与确定的主要目标、次要目标相协调。

四、森林景观恢复和优化

（一）生态结构分析

详细分析林场重要生态区位各类型森林的面积、分布和特征，为森林景观优化奠定基础。如重要水源集水区、水土流失潜在发生区（坡度大于25度）、重要生态廊道、河流等水域缓冲区、自然保护区等森林资源特征和景观特征。

（二）土地利用结构调整

阐述土地利用调整的主要依据、方法和结果。土地利用结构调整必须科学、可实施且原则上必须有利于提升林场生态系统服务功能。土地利用结构调整最好结合国土空间规划编制或调整确定。

（三）森林景观恢复和优化

从景观（经营单位）角度考虑，确定树种结构调整、林龄结构调整、林层结构调整等森林景观恢复和优化方案，明确森林景观恢复和优化方向及技术要求，可在各森林景观元素类型中再进一步按经营类型或经营模式分析和设计。

森林景观恢复和优化统计　　　　　　　　　　　公顷、%

序号	现景观元素类型			优化后景观元素类型		
	名称	面积	占比	名称	面积	占比
1						
2						
...						

五、经营组织

（一）经营类型（区域）

根据国有林场的森林资源经营实际需求、经营水平、经营能力等合理确定按区域经营法、类型经营法或小班经营法组织森林经营。

（1）经营区域：经营区域的划分要求与功能区划相同，可将功能区划作为经营区域，或在功能区划的基础上进一步细化为经营区域。

（2）类型经营：将所有经营目标和景观元素类型相同，地域上不一定相连接的小班组织成森林经营类型。经营类型的命名可采用景观元素类型＋经营目标的方法。

经营类型（区域）面积统计　　　　　　　　　　　公顷、%

序号	经营类型（区域）		
	名称	面积	占比
1			
2			
…			

（二）经营模式

采用区域经营法和类型经营法时，分别按经营区域或经营类型设计经营模式，采用小班经营法时，可只阐述典型经营模式。经营模式设计内容主要包括现状特征、经营目标、主要经营措施和技术要求等，重点应在充分分析各经营模式林分现状特征的基础上明确经理期内各发育（演替）阶段主要经营措施和技术要求。

经营模式面积统计 公顷

经营模式	功能区	景观元素类型	森林类别	面积

六、经营措施和任务

（一）支持服务

主要为提升支持服务功能的森林经营、生物多样性保护及有害生物防治的措施和任务，明确经理期内前 5 年各年度及后 5 年的相关任务量。以保护生物多样性为目标的经营约束性条件也应纳入生物多样性保护措施范围。

支持服务森林经营任务统计 公顷、立方米

统计项	合计	措施 1	措施 2	…	采伐措施 1				采伐措施 2				…	…
		面积	面积	…	面积	蓄积量	其中天然林		面积	蓄积量	其中天然林		…	…
							面积	蓄积量			面积	蓄积量		
合计														
景观元素（经营）类型 1														
景观元素（经营）类型 2														
…														

生物多样性保护及有害生物防治任务统计表

统计项	合计	措施 1		措施 2		…	
		单位	任务量	单位	任务量	…	…
合计							
景观元素（经营）类型 1							
景观元素（经营）类型 2							
…							

（二）调节服务

主要为增强调节服务功能的森林经营措施和任务，明确经理期内前 5 年各年度及后 5 年的相关任务量。

调节服务森林经营任务统计表

公顷、立方米

统计项	合计	措施 1	措施 2	…	采伐措施 1				采伐措施 2				…	
							其中天然林				其中天然林			
		面积	面积	…	面积	蓄积量	面积	蓄积量	面积	蓄积量	面积	蓄积量	…	…
合计														
景观元素（经营）类型 1														
景观元素（经营）类型 2														
…														

（三）供给服务

主要为提升供给服务功能的森林经营措施和任务，明确经理期内前 5 年各年度及后 5 年的相关任务量。明确林下种植资源，林下种植、林下养殖、林产品采集等非木质林产品和其他生态产品经营种类、面积及主要技术措施和要求，并测算经理期内预期产量。

供给服务森林经营任务统计   公顷、立方米

统计项	合计	措施1	措施2	…	采伐措施1				采伐措施2				…	
		面积	面积	…	面积	蓄积量	其中天然林		面积	蓄积量	其中天然林		…	…
							面积	蓄积量			面积	蓄积量		
合计														
景观元素（经营）类型1														
景观元素（经营）类型2														
…														

非木质林产品和其他生态产品经营任务统计   公顷、吨

统计项	合计	产品1		产品2		…	
		面积	预期产量	面积	预期产量	…	…
合计							
景观元素（经营）类型1							
景观元素（经营）类型2							
…							

（四）文化（社会）服务

主要为提升文化（社会）服务功能的经营措施和任务，明确经理期内前5年各年度及后5年的相关任务量。

文化（社会）服务森林经营任务统计　　　　公顷、立方米

统计项	合计	措施1	措施2	…	采伐措施1				采伐措施2				…	…
		面积	面积	…	面积	蓄积量	其中天然林		面积	蓄积量	其中天然林		…	…
							面积	蓄积量			面积	蓄积量		
合计														
景观元素（经营）类型1														
景观元素（经营）类型2														
…														

（五）森林采伐

按采伐限额编制要求分森林类别、采伐类型等测算统计各类经营任务采伐，确定经理期合理年采伐量，并阐述各类采伐量测算的方法和主要技术参数。

合理年采伐量统计　　　　公顷、立方米

森林类别	合计				采伐类型															
	面积		蓄积		主伐				更新采伐				抚育采伐				低产（效）林改造				其他采伐			
	小计	其中天然林	小计	其中天然林	面积		蓄积量		面积		蓄积量		面积		蓄积量		面积		蓄积量		面积		蓄积量	
					年伐量	其中天然林	年伐量	其中天然林	年伐量	其中天然林	年伐量	其中天然林	年伐量	其中天然林	年伐量	其中天然林	年伐量	其中天然林	年伐量	其中天然林	年伐量	其中天然林	年伐量	其中天然林
合计																								
公益林																								
商品林																								

147

七、基础设施与经营能力建设

（一）生产经营基础设施

1. 林道

根据已有林道现状，结合实际建设和维护需求，明确新建林道及林道维护的任务量。

2. 管护用房

根据森林资源管护制度和管护用房现状，结合管护需求，明确新建、改扩建和维护管护用房的数量、位置和规模等。

（二）公共生态服务设施

为便利森林体验、森林游憩、森林康养等，规划在林地上建设步道、平台、营地、驿站等公共生态服务设施，明确建设设施的位置、占地面积、设施种类与规模等。

（三）森林经营设备

根据经营需要，规划需购置或配备的设备种类、规格、数量等。

（四）经营监测设施设备

规划监测评估森林经营成效需要的设施和设备配置计划，明确设施设备的种类、规格、数量等。

（五）经营宣教设施设备

规划宣教设施设备配置，明确配置设施设备的种类、规格和数量或建设地点等。

（六）森林消防设施设备

规划扑火装备和个人防护装备配置，明确设备的种类、规格、数量等。

（七）森林资源和经营档案管理

制定森林资源和经营档案管理制度，规划森林资源和经营档案管理数字化管理平台或系统建设。

（八）森林管护

制定森林管护制度，明确森林管护体系、管护方式、管护人员等，管护任务要落实到小班和人员。

（九）队伍建设

制定人员培训计划，明确培训对象、培训时间和培训内容等;制定人才引进方案，明确引进方式、专业、学历学位和能力水平等。

八、投入产出评估

（一）经营投入

按生态服务类型分别对各类经营投入进行估算分析，并明确资金来源。

（二）经营产出

按生态系统服务类型分别对各类经营产出进行价值估算分析。

九、效益评估

（一）生态效益

包括水文调节、土壤保持、防风固沙、固碳释氧和其他森林生态服务价值的分析评价。重点围绕经理期内的主要支持服务和调节服务目标进行分析评价。

（二）社会效益

包括为社会提供劳动就业、促进农作物稳产增产、科技进步、康养游憩等生态产品以及促进周边社区经济发展等效益评价。

（三）经济效益

测算林场木材、非木质林产品、康养产品、生态效益补偿等种类收入，评估林场的经营能力。

十、保障措施

（一）组织保障

明确方案实施所需要的组织机构及各机构或部门的责任分工。方案编制实施原则上由国有林场主要负责人总负责，上级林业主管部门负责实施监督和考核。

（二）政策保障

从森林经营管理、资金支持、监督评价等方面明确保障森林经营方案实施需建立或完善的政策、制度和管理机制。

（三）资金保障

明确资金来源和筹措方案，制定资金足额按时到位的保障措施。

（四）技术保障

从技术队伍、科技支撑机构、科技成果推广应用等方面明确方案实施的技术保障措施。